新型职业农民培育系列教材

现代粮棉油作物生产技术

◎ 李宏磊　王雨生　主编

中国农业科学技术出版社

图书在版编目（CIP）数据

现代粮棉油作物生产技术/李宏磊，王雨生主编.—北京：中国农业科学技术出版社，2017.2
ISBN 978-7-5116-2968-5

Ⅰ.①现… Ⅱ.①李…②王… Ⅲ.①粮食作物-栽培技术②棉花-栽培技术③油料作物-栽培技术 Ⅳ.①S51②S562③S565

中国版本图书馆 CIP 数据核字（2017）第 018192 号

责任编辑　白姗姗
责任校对　贾海霞

出　版　者　中国农业科学技术出版社
　　　　　　北京市中关村南大街 12 号　邮编：100081
电　　　话　（010）82106638（编辑室）　　（010）82109704（发行部）
　　　　　　（010）82109709（读者服务部）
传　　　真　（010）82106650
网　　　址　http://www.castp.cn
经　销　者　各地新华书店
印　刷　者　北京富泰印刷有限责任公司
开　　　本　850mm×1 168mm　1/32
印　　　张　8
字　　　数　207 千字
版　　　次　2017 年 2 月第 1 版　2017 年 2 月第 1 次印刷
定　　　价　29.80 元

《现代粮棉油作物生产技术》
编 委 会

前　言

　　粮棉油生产是安天下、稳民心的战略产业，担负着保国家粮食安全和农产品有效供给的重任。面对当前世情、国情和粮食生产出现的新形势新挑战，在"十三五"期间，如何转变农业发展方式，推进现代农业建设，确保粮棉油稳定发展，显得尤为重要。

　　本书共 7 章，内容包括小麦、玉米、棉花、花生、大豆、甘薯、杂粮。

　　本书围绕大力培育新型职业农民，以满足职业农民朋友生产中的技术需求。书中语言通俗易懂，技术深入浅出，实用性强，适合广大新型职业农民、基层农技人员学习参考。

编　者

2017 年 1 月

目　　录

第一章　小　麦

第一节　概　述

小麦为禾本科小麦属（*Triticum* L.），一年生或越年生草本植物。本属中有多个种。通常按染色体数分为三大系：二倍体的一粒系小麦（包括乌拉尔图小麦种、一粒小麦种）、四倍体的二粒系小麦（包括圆锥小麦种、硬粒小麦种、提莫菲维小麦种）和六倍体的普通小麦种等。世界上作为粮食栽培的小麦主要为普通小麦和硬粒小麦。一般所说的小麦主要指普通小麦。我国栽培的也主要是普通小麦。

小麦是世界上分布最广、种植面积最大、商品率最高的粮食作物，面积和总产量均占世界粮食作物的 1/3。全世界约有 1/3 以上的人口以小麦为主粮。小麦是我国的主要粮食作物，其总产量约占粮食总产量的 1/4，是北方人民的重要口粮。小麦籽粒中含有人类所必需的营养物质，其中糖类含量 60%~80%、蛋白质 8%~15%、脂肪 1.5%~2.0%、矿物质 1.5%~2.0% 以及各种维生素等。小麦是我国食品工业的重要原料，小麦粉能制烘烤食品、蒸煮食品和各种方便食品，麦麸是优良的精饲料，麦秆是编织、造纸的好原料。

小麦是北方耕作制度中的主体作物，北部冬麦区和黄淮冬麦区冬小麦具有秋播、耐寒、高产、稳产的特点，能够利用冬季和早春自然资源，适合间套复种，是间作套种的主体作物，因而发展小麦生产有利于提高复种指数，提高土地利用率，增加单位土地面积产量。

一、小麦的一生

将小麦从种子萌发到新种子形成的全过程称为小麦的一生。

从出苗到成熟的天数称为生育期。小麦生育期的长短，因品种、气候生态条件和播种早晚的不同而有很大差异。我国从南到北，小麦生育期从春小麦种植区不足 100 天至冬小麦种植区 240 天以上。

（一）生育时期

出苗期：主茎第 1 片叶露出胚芽鞘 2cm 的日期。

三叶期：幼苗主茎第 3 片叶伸出 2cm 的日期。

分蘖期：幼苗第 1 个分蘖露出叶鞘 1.5cm 的日期。

越冬期：当日平均气温稳定在 4℃以下，植株地上部基本停止生长的日期。

返青期：春季气温回升，植株恢复生长，主茎心叶新生部分露出叶鞘 1cm 的日期。

起身期：麦苗由匍匐状开始转为直立，春一叶叶鞘伸长，与冬前最后一叶叶耳距离达 2cm，地下第一节间开始伸长的日期。

拔节期：植株茎部第一节间露出地面达到 2cm 的日期。

孕穗期（挑旗期）：旗叶展开，叶耳露出叶鞘的日期。

抽穗期：麦穗（不包括芒）由叶鞘中伸出 1/2 的日期。

开花期：麦穗中上部的内外颖张开，花药散粉的日期。

灌浆期（乳熟期）：麦穗中的籽粒长度达到最大长度 80%，籽粒开始沉积淀粉（即灌浆）的日期，约在开花后 10 天。

田间记载，通常为全田 50%的植株分别达到上述标准的日期。

（二）生长阶段

根据所形成器官的类型和生育特点的不同，将小麦一生划分为以下三大生育阶段，见下页图。

营养生长阶段：从出苗到起身期。该阶段以生根、长叶、长分蘖为主，营养器官全部分化完成，在后期小穗开始分化。是培育壮苗，为争取穗多、秆壮打基础的时期。

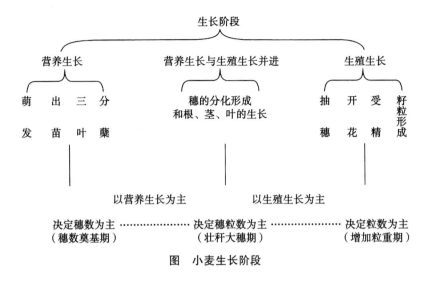

图 小麦生长阶段

营养生长与生殖生长并进阶段：从起身至抽穗期。该阶段既有根、茎、叶的生长，又有麦穗分化发育，是搭好丰产架子、决定穗多穗大粒多的关键时期。

生殖生长阶段：从抽穗到成熟期。该阶段以籽粒形成、灌浆成熟为主。根、茎、叶逐渐停止生长，是决定结实率高低，争取粒多、粒重的重要时期。

3个阶段既有区别又有联系，前段是后段的基础，后段是前段的继续，各阶段有不同的生长中心和栽培的主攻目标。

二、小麦产量形成过程及其调控

（一）小麦产量构成因素

小麦的单位面积产量是由单位面积穗数，每穗粒数和粒重三个因素构成的，其乘积越大，产量越高。在产量相同的情况下，因采用品种及栽培技术的不同，产量构成三因素的结构也不相同。在一定范围内，产量随着单位面积穗数的增加而提高。穗数过多，每穗粒数减少，粒重下降，产量亦降低。因此，只有在三者相互协调的情况下，才能获得高产。建立合理的群体结构，合理解决群体发展与个体发育的矛盾，充分利用光能和地力，协调发展穗数、粒数、粒重，是达到高产的根本途径。

（二）小麦产量构成因素的形成过程

构成小麦产量的三因素是在小麦生育进程不同时期内形成决定的，有一定的顺序性。首先形成并起决定作用的是穗数，其次是穗粒数，最后是粒重。

1. 穗数的形成

单位面积穗数由主茎穗和分蘖穗组成，前者由基本苗长成，后者由分蘖长成。主茎穗与分蘖穗的比例因具体条件不同而有很大差别。要达到一定数量的穗数，首先要有一定的基本苗，同时又要促进分蘖正常发生并提高其成穗率。保证一定数量的基本苗，在足墒、整地质量和播种质量较高的条件下容易达到，反之则难以控制。分蘖发生及其成穗，与应用的品种、播期、种植密度和肥水条件有密切关系。

2. 穗粒数的形成

每穗结实粒数取决于每穗分化的小穗数、小花数和成花结实数。三者的形成贯穿于穗分化的全程，历时较长。穗分化时期影响到小花数量以及最终小花的成花数，而发育完全的成花能否结实，还要看开花后受精的结果，即穗粒数的形成到开花、受精、结实后才能决定。因此，凡是影响小麦穗分化发育及开花受精的外界因素如温度、光照、水分、养分等，都会对穗粒数多少起决定作用。生产上，一般可通过品种与栽培技术来加以调控，在增加总小花数的基础上，减少其退化。

3. 粒重的形成

小麦粒重是在开花受精后的籽粒形成与灌浆成熟两个过程中形成的，是营养物质在籽粒中积累的过程。虽时间较短，但对决定小麦产量高低非常关键。小麦籽粒的物质来源，一是来自抽穗前贮存在茎叶和叶鞘等器官中的营养物质，二是来自抽穗开花后的光合产物，前者约占粒重的 20%，后者约占 80%。小麦籽粒容积大小也是影响粒重高低的重要因素，除受品种遗传特性影响外，胚乳发育过程中良好的肥、水、温、光条件，可使灌浆物质充足，利于扩大籽粒的容积，提高千粒重。如灌浆期间温度过高，光照不足，土壤过干或过湿，或后期叶片氮素含量过多，碳氮比例失调，使糖类的合成与运转受到影响，则会使粒重降低。

（三）群体结构及其调节

1. 群体结构的内容及指标

（1）群体的大小。群体的大小是群体结构的主要内容，是分析群体结构、制订栽培措施、调节群体与个体关系的重要指标。群体大小主要包括以下几个方面。

①单位面积基本苗数。单位面积基本苗数是群体发展的起点，也是调节合理群体结构的基础，随自然条件、生产水平、品种特性、播种期和栽培方式不同而有很大变化。

②单位面积总茎数。反映了从分蘖到抽穗各阶段麦田群体变化情况，是生产中采取控制或促进措施的主要依据。冬小麦单位面积总茎数调查时，主要调查冬前总茎数和春季最大总茎数，其中以冬前总茎数最为重要。据黄淮冬麦区高产单位经验，高产田冬前单位面积总茎数为计划穗数的 1.2~1.5 倍，一般大田为计划穗数的 1.8~2.0 倍。春季最大总茎数是在小麦起身后拔节前调查的数值，高产田要求为计划穗数的 2 倍为宜。

③单位面积穗数。单位面积穗数是群体发展的最终表现，它既反映抽穗后群体的大小，又是产量的构成因素。在生产中，穗数是根据地力水平和品种穗型大小决定的。在由低产向中产发展阶段，要求随着地力水平的提高，逐渐增加单位面积穗数；在由中产向高产发展阶段，要求在达到本品种适宜穗数的基础上提高穗粒重。中穗型品种每公顷 600 万~650 万穗；多穗型品种在 800 万穗左右；大穗型品种在 500 万穗左右。

④叶面积指数。叶面积指数于小麦挑旗期达到最大值。在高产栽培中，冬小麦适宜的叶面积指数动态为：冬前 1 左右，起身期 1.5~2.0，拔节期 3~4，挑旗期 5~6，灌浆期叶片不早衰，较长时间保持在 3~4。

（2）群体的分布。指组成群体的小麦植株在垂直和水平方向的分布。垂直分布主要指叶层分布或叶层结构，包括叶片大小、角度、层次分布和植株高度等。水平分布主要指小麦植株分布的均匀度和株行距的配置。

（3）群体的长相。群体的长相是群体结构的外观表现，包括叶片挺拔、叶色、生长整齐度、封垄早晚和程度。

群体的大小、分布、长相随着个体的生长发育而不断变化。在小麦生产中，从小麦生长前期，就应以合理的栽培措施调节群体，使各时期的指标都在适宜的范围内，以使群体合理发展，个体健壮发育，最终达到高产的目的。

2. 群体的自动调节

小麦群体具有较强的自动调节能力，不同数量基本苗的麦田，尽管群体发展的起点有很大不同，但是由于群体的自动调节作用，春季最大总茎数、穗数的差距逐渐缩小，产量也比较相近。群体的自动调节作用，能使小麦在生长条件变化较大的情况下，保证群体的相对稳定性，使群体结构由不合理变为比较合理，对生长更为有利。

小麦自动调节能力有一定的限度，如种植密度过小或过大，自身难以完全调节，最终都不能达到较合理的群体结构，造成穗数过多或过少，不能高产。因此，在生产中，不能单纯依赖小麦本身的自动调节能力，必须人为地通过密度、肥水、镇压等栽培措施，促进或控制群体发展，并利用其自动调节能力，建立合理的群体结构，以适应小麦生产的需要。

第二节　小麦播前准备

播种质量的好坏不仅直接影响苗全和苗壮，而且影响小麦一生的生长发育。做好小麦播前准备工作是提高播种质量的关键。

一、选用优良品种

（一）具体要求

根据当地气候条件、生产条件等因素选用优良品种。

（二）操作步骤

1. 根据当地自然条件选用良种

不同地区育成的品种，一般对该地区的自然条件有较强的适应性，应尽量选用本地育成的品种。对距本地较远的育种单位育成的品种，一定要经过试验，确认适合本地种植后才能选用。盲目引进新品种，常因为对本地气候、生产条件不适应而造成减产。如北部冬麦区要选用抗寒性强的冬性品种，种植弱冬性品种在越冬期易发生冻害死苗。

2. 根据栽培条件选用良种

一般肥水条件好的高产田，要选用株矮抗倒、耐水耐肥、增产潜力大的品种；反之，肥水条件差的低产田，应选用耐旱耐瘠的品种。

3. 根据当地栽培制度选用良种

如小麦、玉米两茬种植，小麦品种应注意品种的早熟性；棉麦套种时，小麦品种除要求早熟外，还要求株矮、株型紧凑。

4. 根据不同加工食品的要求选用良种

根据加工食品对小麦品质的要求，选用相适应的优质专用品种。如加工饼干面粉需选用低筋软质小麦品种，加工面包、面条面粉需选用高筋硬质小麦品种。

（三）相关知识

小麦良种应具备高产、稳产、优质、抗性强、适应性好、熟期适宜等良好种性。一个小麦品种同时具备这些优点是很难的，在目前育种水平下甚至是不可能的，所以良种是相对的。选用良种，还要做到良种良法配套，才能充分发挥良种的增产潜力。

在品种搭配和布局上，一个县区、乡镇要通过试验、示范，根据当地生产条件，选用表现最好、适于当地自然条件和栽培条件的高产稳产品种1~2个作为当家（主栽）品种，再选表现较好的1~2个作为搭配品种。此外，还应有接班品种。

（四）注意事项

新引进的品种一定要进行1~2年的小面积试种。

二、种子处理

（一）具体要求

通过选种、晒种等措施提高种子质量，以利苗全、苗壮；针对当地病虫害进行药剂拌种或种子包衣。

（二）操作步骤

1. 种子精选

机械筛选粒大饱满、整齐一致、无杂质的种子，以保证种子营养充足，达到苗齐、苗全、苗壮。由秕粒造成的弱苗难以通过管理转壮，晚播麦由于播种量大更应注意选种。

2. 晒种

晒种可促进种子后熟，提高生活力和发芽率，使出苗快而整齐。晒种一般在播前5天进行。注意不要在水泥地上晒种，以免烫伤种子。

3. 药剂拌种及种子包衣

近年来，因耕作制度改变和连续秸秆还田，导致地下害虫（蛴螬、蝼蛄和金针虫）虫口密度逐年增加，土传（纹枯病、全蚀病、根腐病）及苗期病害（腥黑穗病）加重，使用包衣种子、药剂拌种或土壤处理是最有效防控措施。未包衣种子可在播种前一天进行拌种。根病发生较重地区和地块，可选用 2% 戊唑醇（立克莠），按种子量的 0.1%～0.15% 拌种，或 20% 三唑酮（粉锈宁）按种子量的 0.15% 拌种；地下害虫发生较重的地块，可选用 40% 甲基异柳磷乳油或 35% 甲基硫环磷乳油，按种子量的 0.2% 拌种；病、虫混发地块，按未包衣种子 50kg 用 50% 辛硫磷乳油 50ml 或 40% 甲基异柳磷乳油 50ml 加 20% 三唑酮乳油 50ml（或 15% 三唑酮粉剂 75g）或 2% 戊唑醇湿拌剂 75g 放入喷雾器内，加水 3kg 搅匀边喷边拌，拌后堆闷 3～4h，待麦种晾干即可播种。

（三）注意事项

为准确计算播种量，播种前应做种子发芽试验，一般要求小麦种子的发芽率不低于 85%，发芽率过低的种子不能做种用。

要根据病虫发生对象，选用相应药剂；拌种或包衣的药剂不宜单一（只用杀虫剂或杀菌剂）。

三、施用底肥

（一）具体要求

按照计划施肥量将底肥撒施均匀，结合耕翻使肥料混入耕层。

（二）操作步骤

（1）计算底肥中各种肥料用量。

（2）准备好需要施用的肥料。

（3）按照计划施肥量均匀撒施肥料。

（4）撒肥后随即进行耕翻。

（三）相关知识

1. 小麦需肥规律

小麦从土壤中吸收氮、磷、钾的数量，因各地自然条件、产量水平、品种及栽培技术的不同而有较大差异。随着产量水平的提高，小麦氮、磷、钾吸收总量相应增加。综合各地试验研究结果，每生产 100kg 籽粒，需要吸收氮（N）（3.1±1.1）kg，磷（P_2O_5）（1.1±0.3）kg、钾（K_2O）（3.2±0.6）kg，大约比例为 2.8∶1∶3.0，但随着产量水平的提高，氮的相对吸收量减少，钾的相对吸收量增加，磷的相对吸收量基本稳定。

小麦不同生育时期对养分的吸收量不同。起身前麦苗较小，氮、磷、钾吸收量较少，起身后植株迅速生长，养分需求量也急剧增加，拔节至孕穗期达到一生的吸收高峰期。对氮、磷的吸收量在成熟期达到最大值，对钾的吸收在抽穗期达最大累积量，之后钾的吸收出现负值。

2. 小麦施肥技术

小麦施肥原则应是增施有机肥，合理搭配施用氮、磷、钾肥，适当补充微肥，并采用科学施肥方法。小麦的施肥技术包括施肥量、施肥时期和施肥方法 3 个构成因素。

小麦施肥量应根据产量指标、地力、肥料种类及栽培技术等综合确定。

施肥量＝计划产量所需养分量－土壤当季供给养分量肥料养分含量×肥料利用率

计划产量所需养分量可根据 100kg 籽粒所需养分量来计算；土壤供肥状况一般以不施肥麦田产出小麦的养分量测知土壤提供的养分数量。在田间条件下，氮肥的当季利用率一般为 30%～50%，磷肥为 10%～20%，高者可达到 25%～30%，钾肥多为 40%～70%。有机肥的利用率因肥料种类和腐熟程度不同而差异很大，一般为 20%～25%。

一般有机肥及磷、钾化肥全部底施；氮素化肥 50% 左右底施，50% 左右视苗情于起身期或拔节期追施。缺锌、锰的地块，每公顷可分别施硫酸锌、硫酸锰 15kg 作底肥或 0.75kg 拌种。底肥施用应结合耕翻进行。

根据北方冬小麦高产单位的经验，在土壤肥力较好的情况下（0～20cm 土层土壤有机质 1%，全氮 0.08%，水解氮 50mg/kg，速效磷 20mg/kg，速效钾 80mg/kg），产量为每公顷 7 500kg 的小麦，每公顷需施优质有机肥 45 000kg 左右，标准氮肥（含氮 21%）750kg 左右，标准磷肥（含 P_2O_5 14%）600~750kg。缺钾地块应施用钾肥。

（四）注意事项

目前，复合肥料、复混肥料种类很多，其氮、磷、钾养分比例不一定符合小麦要求，须科学计算肥料施用量并做好肥料搭配。对于秸秆还田的地块要适当增加底氮肥的用量，以解决秸秆腐烂与小麦争夺氮肥的矛盾。翻耕前可在秸秆上喷撒催腐剂或微生物肥料，促进秸秆腐熟。

速效氮肥分段撒施，撒施一块耕翻一块，以减少养分损失。

四、播前耕作整地

（一）具体要求

耕作整地质量应达到：耕层深厚，土壤细碎，耕透，耙透，地面平整，上虚下实，墒情良好。

（二）操作步骤

（1）根据当地农机条件准备好深翻犁、深松犁、旋耕犁、耙等。

（2）土壤墒情不好的提前 3~7 天浇水造墒，使土壤水分合适。

（3）深耕（或深松）。在宜耕期进行深耕（或深松），耕翻深度在 20cm 左右，耕翻后及时耙、耢整平；或深松 25cm 以上，然后旋耕 15cm 以上。

（4）旋耕。深耕（或深松）与旋耕要隔年交替进行，旋耕 2~3 年进行一次深耕（或深松）。

（5）随耕随检查，检查质量是否达到要求。

（三）相关知识

小麦对土壤的适应性较强，但耕作层深厚、结构良好、有机质丰富、养分充足、通气性保水性良好的土壤是小麦高产的基础。一般认为适宜的土壤条件为土壤容重在 $1.2g/cm^3$ 左右、孔隙度在 50%～55%、有机质含量在 1.0%以上、土壤 pH 值 6.8～7、土壤的氮、磷、钾营养元素丰富，且有效供肥能力强。

耕作整地是改善麦田土壤条件的基本措施之一。麦田的耕作整地一般包括深耕和播前整地两个环节。深耕可以加深耕作层，有利于小麦根系下扎，增加土壤通气性，提高蓄水、保肥能力，协调水、肥、气、热，提高土壤微生物活性，促进养分分解，保证小麦播后正常生长。在一般土壤上，耕地深度以 20～25cm 为宜。近年来，许多地区在积极推广小麦深松耕技术，可打破由于多年浅耕造成的坚实犁底层，为小麦生长创造良好的土壤条件。播前整地可起到平整地表、破除板结、匀墒保墒等作用，是保证播种质量，达到苗全、苗匀、苗齐、苗壮的基础。

麦田耕作整地的质量要求是深、细、透、平、实、足，即深耕深翻加深耕层、土壤细碎无明暗坷垃、耕透耙透不漏耕漏耙、地面平整、上虚下实、底墒充足，为小麦播种和出苗创造良好条件。

目前，许多地区小麦播前耕作多为玉米秸秆还田后旋耕作业，由于旋耕深度较浅、旋耕后不进行耙压，会造成耕层浅、秸秆掩埋不严、土壤过喧不踏实，严重影响小麦播种质量。

对地下害虫、吸浆虫重发区和田块，还应进行土壤处理。土壤处理亩可用 40%辛硫磷乳油或 40%甲基异柳磷乳油 250～300ml，加水 1～2kg，对细土 25kg 制成毒土，或用 3%辛硫磷颗粒剂 2.5～3kg，对细土 15～20kg，犁地前均匀撒施地面，随犁翻入土中。

（四）注意事项

由于各地耕作制度、降水情况及土壤特点的不同，整地方法也不一样，要做到因地制宜。玉米秸秆还田地块旋耕次数要达到 2 遍以上，深度达 15cm 以上，然后进行耙压使土壤踏实。

五、播前造墒

(一) 具体要求

耕翻土壤时，要求土壤相对持水量符合生产要求（70%~80%）。

(二) 操作步骤

（1）整地前约1周检测土壤墒情，收听天气预报。

（2）对墒情不足的土壤，采用合适的灌溉方式进行造墒。

(三) 相关知识

底墒充足、表墒适宜，是小麦苗全、苗齐、苗壮的重要条件。墒情不足，播后不仅影响全苗，而且出苗不齐，产生二次出苗，形成大小苗现象。我国北方地区多数年份，入秋以后降水量减少，浇足底墒水，不仅能满足小麦发芽出苗和苗期生长对水分的需要，也可为小麦中期的生长奠定良好的基础。玉米成熟较晚的，提倡玉米收获前洇地，起到"一水两用"的作用，确保小麦适时适墒播种。

(四) 注意事项

（1）秋雨较多、底墒充足时（壤土含水量17%~18%、沙土16%、黏土20%），可不浇底墒水。

（2）对于抢墒播种的地块，可以在播后浇蒙头水或出苗水。

第三节 小麦播种技术

小麦适时播种，是培育壮苗的基础；而基本苗的多少，又是小麦群体发展的起点。因此，确定适宜的播种期、播种量和播种方式是夺取小麦高产的重要环节。

一、确定播种期

(一) 具体要求

根据当地自然条件、生产条件等综合因素科学合理地确定小麦播种期。

（二）操作步骤

综合考虑以下条件来确定小麦播种期。

1. 冬前积温

小麦冬前积温指从播种到冬前停止生长之日的积温。小麦从播种到出苗一般需要积温 120℃左右，冬前主茎每长一片叶平均需要 75℃积温，据此，可求出冬前不同苗龄的总积温。如冬前要求主茎长出 5~6 片叶，则需要冬前积温 495~570℃，根据当地气象资料即可确定适宜播期。山东省鲁西南地区适播期一般在 10 月 5—15 日。

2. 品种特性

一般冬性品种应适当早播，半冬性品种适当晚播。北方各麦区冬小麦的适宜播期为：冬性品种一般在日均温度 16~18℃时进行播种，弱冬性品种一般在 14~16℃时进行播种。在此范围内，还要根据当地的气候、土壤肥力、地形等特点进行调整。

3. 栽培体系

精播栽培，主要依靠分蘖成穗，苗龄大，宜早播；独秆栽培，以主茎成穗为主，冬前主茎 3~4 片叶，宜晚播。

（三）相关知识

适时播种可以使小麦苗期处于最佳的温、光条件下，充分利用冬前的光热资源培育壮苗，形成健壮的大分蘖和发达的根系，群体适宜，个体健壮，有利于安全越冬，并为穗多穗大奠定基础。

播种过早、过晚对小麦生长均不利。播种过早，一是冬前温度高，常因冬前徒长而形成旺苗，植株体内积累营养物质少，抗寒力减弱，冬季易遭受冻害。尤其是半冬性品种，过早播种使其在冬前通过春化阶段，抗寒力降低而发生冬季冻害。此外，冬前旺长的麦苗，年后返青晚，生长弱，"麦无二旺"。二是易遭虫害而缺苗断垄，或发生病毒病、叶锈病。

播种过晚，一是冬前苗弱，体内积累营养物质少，抗逆力差，易受冻害。二是春季发育晚，成熟迟，灌浆期易遭干热风危害，影响粒重。三是春季发育晚，若调控措施不当，会缩短穗分化时期，易形成小穗。

（四）注意事项

近年来，受全球气候变暖的影响，各地冬前有效积温有了很大的提高。因此，过去传统经验中的播种适期已不再适用，应根据科学试验结合生产经验科学确定。

二、播种（机械条播）

（一）具体要求

播量准确，下种均匀，行距合理，深浅适宜，行直垄正，沟直底平，覆土严实，不漏播，不重播。

（二）操作步骤

1. 计算播种量

播种量计算公式：

每公顷播种量（kg）= 每公顷计划基本苗数×种子千粒重（g）×10^{-6}÷种子发芽率（%）÷田间出苗率（%）

田间出苗率因整地质量、播种质量的不同而有很大差异，一般腾茬地、整地及播种质量好的情况下，田间出苗率可达85%左右。秸秆还田地块、整地质量及播种质量差的地块，田间出苗率低。由于种子千粒重多在35~50g，并且种子发芽率及田间出苗率差异很大，所以生产中的"斤子万苗"的说法不大科学。

2. 确定行距

高产麦田以12~15cm等行距为宜，以利于小麦植株在田间分布均匀，生长健壮。宽窄行播种方式适于套种其他作物。

3. 确定播种深度

覆土深浅对麦苗影响很大。覆土深，出苗晚，幼苗弱，分蘖发生晚；覆土过浅，种子易落干，影响全苗，分蘖节离地面太近，遇旱时影响根系发育，越冬期也易受冻。从防旱、防寒和培育壮苗两个方面考虑，播种深度宜掌握在 3～5cm。早播宜深，晚播宜浅；土质疏松宜深，紧实土壤宜浅。

4. 播种及质量检查

调整好播种机后，进行播种。播种过程中进行随机检查，确保播种质量。首先按计划播种量算出每米行长应落籽粒数。然后随机取点，每点长 1m，用手铲顺垄向一侧扒开覆土，露出全部种子进行检查，记录样点内落粒数，并检测播种深度（自种子表面量到地表）。此外，还要检查播种地段是否行直垄正，是否露子，有无重播、漏播现象。

5. 播后镇压

小麦播后镇压可以踏实土壤，提高整地质量，使种子与土壤密接，以利于种子吸水萌发，提高出苗率，保证苗全苗壮，是小麦节水栽培的重要措施。玉米秸秆直接还田的地块土壤较暄，因此，播后镇压尤为重要。

（三）相关知识

1. 确定基本苗

基本苗的多少，是小麦群体发展的起点，对小麦整个生育过程中群体与个体的协调及产量结构的协调增长有重大影响。穗数是构成产量的基础，而基本苗又是成穗的基础。所以，因地制宜地确定适宜的基本苗数是合理密植的核心。

确定适宜的基本苗，主要考虑播种期早晚、品种特性、土壤肥力和水肥条件等因素。适期播种，单株分蘖和成穗数较多，基本苗可适当少些；随着播种期的推迟，单株分蘖和成穗数均减少，应适当增加基本苗数。分蘖力强、成穗率高的品种基本苗宜少，反之宜多。土壤肥力水平高、水肥条件好的麦田，单株分蘖及成穗较多，基本苗宜少；反之宜多。

小麦基本苗数的确定还与所采用的高产途径有关。常规高产栽培,播期适宜,主茎与分蘖成穗并重,基本苗一般掌握在每公顷300万株左右;精播栽培,以分蘖成穗为主夺高产,播期偏早,基本苗一般掌握在每公顷150万株左右;独秆栽培,以主茎成穗为主,播期晚,基本苗一般为每公顷450万~600万株。

2. 选择播种方式

小麦生产中有条播、撒播、宽幅精播等播种方式,应因地制宜选择应用。

(1)条播。条播是目前生产上应用最多的一种,又分窄行条播、宽窄行条播。窄行条播大多采用机播,少量采用耧播,行距13~23cm,高产田行距宜小。此方式单株营养面积均匀,植株生长健壮整齐。宽窄行条播由1个宽行、1~3个窄行相配置,宽行25~30cm,窄行10~20cm。此方式田间通风透光条件好,常在麦田套种时采用。

(2)撒播。主要在长江中下游稻麦两熟和三熟地区采用。将麦种撒匀即可。可按时播种,节省用工,苗期个体分布均匀,但后期通风透光差,麦田管理不便。此方式对整地、播种质量要求较高,播种要均匀,覆土一致。这种方式生产应用逐渐减少。

(3)宽幅精播。小麦宽幅精播就是"扩大行距,增大播幅,健壮个体,提高产量"。扩大行距,就是改传统小行距(15~20cm)密集条播为等行距(22~26cm)宽幅播种,由于宽幅播种籽粒分散均匀,扩大小麦单株营养面积,有利于植株根系发达、苗蘖健壮,个体素质高,群体质量好,提高了植株的抗寒性,抗逆性。增大播幅,就是改传统密集条播籽粒拥挤一条线为宽播幅(8cm)种子分散式粒播,有利于种子分布均匀,解决缺苗断垄、疙瘩苗现象,也克服了传统播种机密集条播造成的籽粒拥挤,争肥、争水、争营养,根少苗弱的生长状况。

小麦宽幅精量机播还有以下优点。

①当前小麦生产以旋代耕面积较大,造成土壤耕层浅,表层暄,容易造成小麦深播苗弱,失墒缺苗等现象。小麦宽幅精播机后带镇压轮,能较好的压实土壤,防止透风失墒,确保出

苗均匀，生长整齐。

②由于有机土杂肥的减少，秸秆还田量增多，传统小麦播种机行窄拥土，造成播种不匀，缺苗断垄。小麦宽幅播种机播种行距宽，并且采取前二后四形楼腿，解决了因秸秆还田造成的播种不匀等现象，小麦播种后形成波浪形沟垄，有利于小雨变中雨，中雨变大雨，集雨蓄水，墒足根多苗壮，有利于增根防倒，确保麦苗安全越冬。

③降低播量。有利于个体发育健壮，群体生长合理，无效分蘖少，两极分化快，植株生长干净利索；有利于地下与地上，个体与群体发育协调，同步生长，增强根系生长活力，充实茎秆坚韧度，改善田间小气候，加强田间通风透光，降低田间温度，提高营养物质向籽粒运输能力；有利单株分蘖多，成穗率高，绿叶面积大，功能时间长，延缓小麦后期整株衰老，落黄好；由于小麦宽幅精播健壮个体，有利于大穗型品种多成穗，多穗型品种成大穗，增加亩穗数，最终实现高产。

（四）注意事项

小麦播种时，随机人员要注意机器运转和排种情况，发现异常现象应立即停机检查调整；发现漏播要及时做好标记，以便及时补播。根据地形、土壤踏实情况及时调节播种深度，以免露籽或播种过深。

对于土壤水分不足以及秸秆还田土壤较暄的地块，可以在播后 3~4 天浇蒙头水或出苗后 3~4 天浇出苗水，以踏实土壤、补充土壤水分，保证出苗整齐及苗期正常生长。

第四节　小麦前期田间管理

一、查苗补种

（一）具体要求

检查有无缺苗现象，如有缺苗则要采取措施进行补种，以确保全苗。

（二）操作步骤

麦苗出土后，要及时查苗，发现缺苗应立即用浸泡过的种子补种。对播后遇雨板结的麦田，应及时耙地，破除板结，以利于出苗。

二、酌情浇水

（一）具体要求

根据墒情，出苗后浇水。

（二）操作步骤

对抢墒播种的麦田或秸秆还田耕地浅、整地质量差，且播后未镇压的麦田，在未浇蒙头水的情况下，出苗后应及时浇水，以踏实土壤、补充土壤水分，保证苗期正常生长。浇水后要及时中耕松土，防止土壤板结。

三、冬灌

（一）具体要求

根据麦田墒情，进行冬季灌水。

（二）操作步骤

冬灌以"夜冻昼消"时进行最为适宜，大面积生产上要提早进行，一般以日均温 7~8℃ 时开始。浇水过晚，地面积水结冰，使麦苗窒息造成死苗，还会由于土壤表层水分饱和，因冻融而产生的挤压力使分蘖节受伤害，甚至把麦苗掀起断根，形成"凌抬"死苗。浇水过早，失墒较多，易受旱冻危害。浇水量一般每公顷 600~750m³，浇水后应及时锄划。越冬前土壤含水量为田间持水量的 80% 以上，或底墒充足的晚麦田，可不冬灌，但要注意保墒。

（三）相关知识

适时冬灌可以缓和地温的剧烈变化，防止冻害；为返青保蓄水分，做到冬水春用；可以踏实土壤，粉碎坷垃，防止冷风吹根；可以消灭地下害虫。总之，冬灌是冬小麦在越冬期和早春防冻、防旱的关键措施，对安全越冬、稳产增产有重要作用。

（四）注意事项

对于因基肥不足而苗弱的麦田，可以结合冬灌追施少量化肥。这次追肥实际上是冬施春用，比返青追肥效果好，因为返青浇水容易降低地温，影响小麦生长。

四、酌施返青肥水

（一）具体要求

根据小麦苗情诊断结果，酌情施好返青肥水。

（二）操作步骤

在冬前肥水充足的情况下，返青期不追肥、不浇水。但对于失墒重，水分成为影响返青正常生长的主要因素的麦田，应浇返青水，俗称为"救命水"。但不可过早，宜在新根长出时浇水。浇水量不宜过大，以每公顷 600m³ 左右为宜。越冬前有脱肥症状的，可以结合浇返青水少量追肥。浇水后要适时锄划，增温保墒，促苗早发。

五、镇压

（一）具体要求

根据小麦田间长势情况进行镇压。

（二）操作步骤

1. 苗期压

在表土较干或播种后镇压不实的情况下，于三叶期或分蘖期进行镇压，可增加土壤紧实度，促进毛管水上升，有提墒、促根、增蘖和壮苗的作用。但在土壤过湿、盐碱以及弱苗的情况下，不宜镇压，以免造成土壤板结、返碱，不利于麦苗生长。

2. 冬季压麦

北方麦区在土壤上冻后，选择晴天下午进行压麦，可压碎坷垃、弥合裂缝、保墒、保苗安全越冬。注意不要在早晨霜冻时压麦，以免伤苗过重。

六、化学除草

（一）具体要求

喷洒除草剂，及时防除麦田杂草。

（二）操作步骤

化学除草是麦田除草经济有效的措施。冬小麦田一般年份有冬前和春后 2 个出草高峰期，以冬前为主，冬前杂草发生量占总草量的 80% 左右。麦田化学除草应以冬前为主、春季为辅。

在小麦 3~5 叶期、杂草 2~4 片期、气温 5℃以上时，是冬前化学除草的关键时期，杂草处于幼苗期，耐药性差，防除效果好。无论冬前或春季，宜在土壤湿润、晴天 9~16 时用药，此时气温高、光照足，可增强杂草吸收药剂的能力。用水量要足，冬前每公顷用水量 450~600kg，春季每公顷用水量 600~750kg。春季杂草草龄较大，要适当增加用药量。

（三）注意事项

小麦拔节后严禁用药，以免产生药害。目前，麦田除草剂的种类很多，各地可根据当地麦田杂草优势种类和杂草群落，选用相应的除草剂。

第五节　中期田间管理

一、追肥浇水

（一）具体要求

根据苗情适时实施起身拔节肥水，保证孕穗期水分供应。

（二）操作步骤

1. 起身期追肥浇水

对于群体较小、苗弱的麦田，要在起身初期施肥、浇水，以促进春季分蘖增加，提高成穗率；对于一般麦田在起身中期施肥、浇水；对旺苗、群体过大的麦田，应控制肥水，促进分蘖两极分化，防止过早封垄发生倒伏。

2. 拔节期追肥浇水

对于地力水平和墒情较好、群体适宜的壮苗，春季第 1 次肥水应在拔节期施用；对旺苗需推迟拔节水肥的时间；起身期已追肥浇水的麦田，在拔节期控制肥水。拔节期肥水的时间，应掌握瘦地、弱苗宜早，肥地、壮苗和旺苗宜晚的原则。

3. 孕穗期追肥浇水

小麦孕穗期是四分体形成、小花集中退化时期，为需水临界期，缺水会加重小花退化、减少穗粒数，影响千粒重。良好的水肥条件，能促进花粉粒的正常发育，提高结实率，增加穗粒数，还有利于延长上部绿色部分功能期，促进籽粒灌浆。因此，孕穗期必须保证水分的供应。此期一般不再追肥，如叶色较淡，有缺肥表现，可补施少量氮肥。

（三）相关知识

1. 起身期肥水的作用

（1）延缓分蘖两极分化，促大蘖成穗，提高成穗率，增加单位面积穗数。

（2）能促进小花分化，减少不孕小穗，有利于争取穗大粒多。

（3）能促进中部茎生叶面积增大，利于增加中后期光合产物，提高粒重。但起身肥水同时可促进茎基部一、二节间伸长，在群体较大时引起倒伏；也可能造成叶面积过大而郁蔽。

因此，起身期肥水对群体小的麦田弊少利多，对群体适中的利弊皆有，对群体大的有弊无利。

2. 拔节期肥水的作用

（1）减少不孕小穗和不孕小花数，有效提高穗粒数。

（2）促进中等蘖赶上大蘖，提高成穗整齐度。

（3）促进旗叶增大，延长叶片功能期，提高生育后期光合作用和根系活力，延缓衰老，增加开花后干物质积累，提高粒重。

（4）促进中上部节间伸长，有利于形成合理株型和大穗。

（四）注意事项

施肥量不可过大，以免造成小麦贪青晚熟。施肥时宜在麦叶无露水时进行。

二、控制旺苗

（一）具体要求

采取不同的措施，对旺苗进行控制。

（二）操作步骤

1. 化学控制

选用壮丰安、多效唑等化控产品，在小麦返青到起身期，每公顷用 15% 多效唑可湿性粉剂 750g 或壮丰安（即 20% 甲多微乳剂）450~600ml，对水 375~600kg 稀释后喷洒。要求在无风或微风天气喷施。在小麦拔节中后期不宜使用，以免形成药害和影响抽穗。

2. 镇压

在分蘖高峰过后，节间未拔出地面时进行压麦，可使主茎和大分蘖生长受到暂时抑制，基部节间粗壮、缩短，株高降低，还可加速分蘖两极分化，成穗整齐，有明显的抗倒增产效果。

（三）相关知识

旺长麦田群体偏大，通风透光不良，麦苗个体素质差，秆高茎弱，根冠失衡，抵抗能力下降，尤其是抗倒伏能力降低，后期遇风雨天气易倒伏减产。控制小麦旺长的传统措施主要是镇压、深中耕断根、限制肥水等方法，但耗时费工，控制期短。使用植物生长延缓剂进行化控是目前最常用的较为经济有效的手段，可调节小麦茎叶生长，使小麦基部节间缩短、粗壮，防止后期"茎倒"和后期根系早衰，提高小麦抗旱、抗寒、抗风的能力。

三、病虫害防治

（一）具体要求

及时防治白粉病、纹枯病、蚜虫、吸浆虫等病虫害。

（二）操作步骤

小麦返青至拔节前，重点防治小麦纹枯病；孕穗至扬花期，重点防治小麦吸浆虫、麦蚜、小麦白粉病，监控赤霉病的发生。

第六节　后期田间管理

一、浇水

（一）具体要求

对土壤干旱的麦田补充水分。

（二）操作步骤

小麦开花期间是体内新陈代谢最旺盛的时期，日耗水量最多，对缺水反应敏感。开花后的籽粒形成期对水分要求较多，缺水会导致籽粒退化。此期土壤含水量应保持在田间持水量的75%左右。因此，土壤干旱时应浇一次抽穗扬花水。小麦进入灌浆以后，适时浇好灌浆水，有利于防止根系衰老，达到以水养根、以根保叶、以叶促粒的目的。后期浇水应注意天气变化，防止浇后遇风雨倒伏。

（三）注意事项

遇风要停止浇水，以防小麦倒伏。

二、根外追肥

（一）具体要求

通过根外追肥措施补充小麦后期生长所需的营养。

（二）操作步骤

小麦后期还需要一定数量的氮素和少量的磷素营养。对有脱肥现象的麦田，可于抽穗开花期喷施 1%~2% 的尿素溶液或 2%~3% 的过磷酸钙浸出液，有贪青晚熟趋势的麦田，可喷施 0.2% 的磷酸二氢钾溶液，以加速养分向籽粒中运转，提高灌浆速度。

三、小麦"一喷三防"技术

小麦生长后期，条锈病、白粉病、穗蚜混发时，可选用杀蚜虫的药剂+防治病害的药剂+抗干热风增产剂，即每亩用 50% 抗蚜威可湿性粉剂 20g 或 4.5% 高效氯氰菊酯乳油 50ml 或 10% 吡虫啉可湿性粉剂 20g，加 12.5% 烯唑醇可湿性粉剂 30g 或 25% 戊唑醇可湿性粉剂 20~30g，加磷酸二氢钾或叶霸 100g，对水 30kg 进行全田均匀喷雾。可起到杀虫、治病、抗干热风"一喷三防"之作用。

第七节　小麦收获技术

一、小麦测产技术

（一）具体要求

掌握小麦测产方法，根据测产结果及产量结构分析栽培措施的效应。

（二）操作步骤

1. 准备工作

确定小麦测产田块，准备皮尺、直尺、计算器、种子袋、脱粒机等用品。

2. 选取样点

样点要有代表性。样点数目可根据面积大小、生长整齐度等灵活掌握，一般采用对角线法，每块地选 5 个点。样点面积一般取 1m²。条播可取 3~4 行，根据行距计算样点长度。样点长度（m）= 1/平均行距（m）×3（或 4）。撒播地块，则计算并量出样点的长、宽。

3. 求单位面积有效穗数

在每个样点内数其有效穗数，然后计算单位面积穗数。

4. 求每穗粒数

每个样点随机取 20~30 穗，计算出平均每穗粒数。

5. 估计千粒重

根据常年该品种的平均千粒重，参照当年小麦长势和气象条件，估计出千粒重。

6. 计算

理论产量计算公式为：

理论产量（kg/hm²）= 每公顷穗数×每穗粒数×千粒重（g）× 10^{-6}×85%

7. 实测

按估测方法选取若干样点，收割，脱粒，晒干，称重，计算产量。由于小麦收打有一定损失，此结果常比实际产量高 10%左右。

（三）注意事项

小麦测产根据时间早晚可分为估测和实测。估测在乳熟中期后进行，实测在蜡熟期进行。

二、适时收获

（一）具体要求

适时收获，减少产量损失。

（二）操作步骤

（1）根据小麦生长状况、近期天气预报、机械、人力等确定收获期。

（2）根据收获日期，提前准备机械、用具等。

（3）实施田间收获，及时脱粒、晾晒、入仓。

（三）相关知识

小麦收获过早，千粒重低、品质差，脱粒也困难；收获过晚，易掉穗、掉粒，还会因呼吸作用及遇雨淋洗，使粒重下降。在小麦植株正常成熟情况下，粒重以蜡熟末期最高。

在大田生产条件下，适宜收获期因品种特性（落粒性）、天气、收割工具等不同而有所变化。使用联合收割机则宜在完熟初期进行收获，收获过早籽粒含水量高，导致脱粒过程的机械损伤和脱粒不净；过晚会因掉穗、掉粒等增加损失。人工收割的，从割后至脱粒前，有一段时间的铺晒后熟过程，可在蜡熟中期到末期收割。用作种子的适宜收获期应在蜡熟末期和完熟初期。

（四）注意事项

以小麦生长成熟状况为主决定收获期，但同时须密切关注天气变化。若收获前后有雨，要根据小麦生长状况适当调整收获日期。收获后小麦应及时干燥，待籽粒含水量降至13%以下方可入仓。

第二章 玉 米

第一节 概 述

玉米又称为玉蜀黍、苞谷、棒子、珍珠米。禾本科玉米属（*Zea mays* L.），一年生草本植物。须根系强大，有支持根。秆粗壮。雌雄同株。雄穗为顶生圆锥花序，雌穗为着生在叶腋间的肉穗花序（图2-1）。按籽粒形状可分为马齿型、硬粒型、糯质型、甜质型、爆裂型、粉质型、有稃型等类型。原产于墨西哥或中美洲。

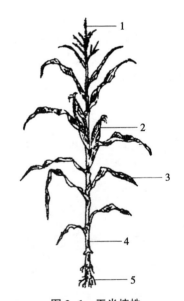

图2-1 玉米植株

1. 雄穗；2. 雌穗；3. 叶片；4. 茎；5. 根系

玉米籽粒含淀粉 72%、蛋白质 9.8%、脂肪 4.9%和丰富的维生素，具有较高的营养价值，是人们主要的食粮之一。用玉米制成的膨化食品，也是人们可口的食品。玉米除了食用之外，还是重要的饲料和工业原料。

一、玉米的一生

（一）生育期

玉米从出苗到成熟所经历的天数称为生育期。玉米生育期的长短与品种特性、播种期、栽培水平及气候条件等有关。品种叶数多，播种期较早，温度较低或日照较长的，生育期较长；反之，则生育期较短。

（二）生育时期

玉米一生中，可划分为若干个生育时期（图 2-2）。

图 2-2　玉米的一生

1. 出苗期

幼苗的第一片叶出土，苗高 2~3cm 的日期。此期虽然较短，但外界环境对种子的生根、发芽、幼苗出土以及保证全苗有重要作用。

2. 拔节期

近地面节间伸长达 2~3cm，靠近地面用手能摸到茎节的环形突起。此时玉米雄穗幼穗分化进入生长锥伸长期。

3. 小喇叭口期

在拔节后 7~10 天，通常与雄穗小花分化期，雌穗生长锥伸长期相吻合。

4. 大喇叭口期

这是我国农民的俗称。此时玉米植株外形大致是棒三叶（即果穗叶及其上、下各 1 片叶）大部分伸出，但未全部展开，心叶丛生，形似大喇叭口，最上部叶片与未展出叶之间，在叶鞘部位能摸到发软而有弹性的雄穗。该生育时期的主要标志是雄穗分化进入四分体形成期，雌穗正处于小花分化期，叶龄指数为 60，距抽雄一般 15 天左右。

5. 抽雄期

雄穗主轴露出顶叶 3~5cm 的日期。

6. 开花期

雄穗主轴小穗开花散粉的日期。

7. 吐丝期

雌穗花丝从苞叶伸出 2cm 左右的日期。在正常情况下，吐丝期与雄穗开花散粉期同时或迟 2~5 天。大喇叭口期如遇干旱会使这两个时期的间隔天数增加，严重时会造成花期不遇。

8. 成熟期

籽粒变硬，呈现品种固有的形状和颜色。胚基部尖冠处出现黑层，这是达到生理成熟的标志。

（三）生育阶段

1. 苗期阶段

从出苗到拔节，是以生根、长叶为主的营养生长阶段。此期根系生长较快，茎叶生长较慢。

2. 穗期阶段

从拔节到抽雄，是玉米营养生长和生殖生长并进阶段。此期茎叶生长旺盛，植株高度和茎粗都在迅速增大，根系也不断扩大；同时雄穗和雌穗相继分化和形成，但仍以营养生长为主。穗期阶段是决定果穗大小、每穗粒数多少的关键时期，也是田间管理的关键时期。

3. 花粒期阶段

从抽雄到种子成熟，是生殖生长阶段。此期茎叶生长逐渐减弱乃至停止，经过开花、受精进入以籽粒充实为中心的生殖生长时期，是决定籽粒大小、籽粒质量的阶段。

二、玉米产量的形成及其调控

（一）光合特性与物质生产

1. 玉米的光合特性

玉米高光效的特点与其 C4 的结构和功能有关。玉米的光合作用由维管束鞘细胞和叶肉细胞协同完成。在叶肉细胞中存在着 C4 途径的高效二氧化碳同化机制，以保证维管束鞘细胞的叶绿体在相对低的 CO_2 条件下维持较高的光合速率。除了具有高的光饱和点和高光合速率特点外，还具有低光呼吸、低 CO_2 补偿点等 C4 植物的高光效特征。

2. 最适叶面积系数及其动态变化

一般认为平展型品种的最适叶面积系数为 4~5，紧凑型品种为 6~7。尽管不同品种的最适叶面积系数不同，但达到最适叶面积系数时的光截获率都在95%左右。

在玉米的生育期内，群体叶面积的变化可分为4个时期：指数增长期、直线增长期、稳定期和衰亡期。

（1）指数增长期。从出苗至小喇叭口期。此期的特点是群体叶面积的相对增长速度很高，与时间成指数规律增加。叶面积基数小，绝对量增长很慢，叶面积系数低，群体与个体矛盾小，群体叶面积与密度成正比。

（2）直线增长期。从小喇叭口期至抽雄期。此期的特点是群体叶面积增长速度很快，与时间成正比增加，至抽雄期叶面积系数接近最高值。群体与个体矛盾逐渐激化，种植密度对叶面积增长速度影响最大。

（3）稳定期。从抽雄期至乳熟末期。此期的特点是群体叶面积进入高而稳的时期。至开花期，叶面积系数达最大值。此期持续时间的长短受品种、肥水、密度（光照）等条件的影响。这期间的光合产物，绝大部分用于籽粒形成，此期叶面积的大小对产量起关键作用。一般来说，最大叶面积稳定时间越长，光能利用率和产量也就越高。所以生产上应采取措施，保证较长的叶面积稳定期。

（4）衰亡期。从乳熟末期至完熟期。此期的特点是下部叶片开始死亡，绿叶面积迅速减少，其下降速度因品种、密度、肥水等因素而异。此期正值籽粒有效灌浆期的后半段，约50%的果穗干重是在此期积累的。此期如果叶面积迅速减少，对产量极为不利。多保持一些绿叶，可以积累更多的干物质。

3. 生物产量与经济系数

要提高单位面积产量，一方面必须积累更多的干物质，即取得较高的生物产量；另一方面，要使积累的干物质尽可能多地转移分配到籽粒中去。玉米的经济产量与生物产量呈显著正相关。玉米的经济产量不仅取决于生物产量，也取决于经济系数。生产中经济系数为 0.3~0.5。在一般情况下，生物产量随密度增加而增加，达到一定密度后，生物产量不再增加或增加较少，而经济系数和产量则随密度的增加而有降低的趋势。

（二）源、库、流与产量形成

要获得玉米高产，一是光合产物的供应要充足，即"源"要足；二是籽粒能容纳较多的光合产物，即"库"要大；三是将光合产物运送给籽粒库的转运系统要通畅，即"流"要畅。

1. 源

光合产物的供应是籽粒产量形成的根本来源。在籽粒产量形成过程中，源的重要作用表现在两个方面：一是为库的建成提供了物质基础。光合产物供应充足时，库的数量、大小明显增加。二是为库的充实提供了物质保证。光合产物充足时，建成的库能够迅速充实；反之，则穗小、粒瘪甚至败育。因此，一般认为影响当前玉米产量提高的限制因素是同化物的供应，即"源"的不足。

2. 库

玉米库的能力和库强度（籽粒多少、大小和代谢活性）在产量形成中起着重要作用。库的强度直接决定干物质在好粒中的贮存数量和分配比例。库的强度高，同化物转化为籽粒产量的潜力大。库的强度对光合源也有很大的反馈调节作用。库强度大能促进光合速率的提高，反之则削弱。库的强度控制着灌浆速度。在籽粒灌浆期间，如果光合作用受到严重抑制，籽粒能从其他器官得到一定有机物质，维持一定的灌浆速度。试验证明，在低产条件下，灌浆期间的同化物是供过于求的。因此在某种条件下，库也可能成为限制产量的主要因素。

3. 流

源与库之间的输导系统是物质运输的通道，其运输效率对产量起重要作用。从光合源制造的有机物装载进入叶脉韧皮部，通过叶柄、叶鞘和茎的运输，然后进入籽粒卸载，都有可能因不同原因而受到阻碍。如干旱、高温、低温等逆境因素都可能降低灌浆速率。对"流"的研究相对较少。大多数试验证明，输导系统对玉米籽粒产量影响不大，说明正常条件下的运输能力能够满足籽粒灌浆的要求。

第二节 玉米播前准备

播种质量的好坏不仅直接影响苗全和苗壮，而且影响玉米一生的生长发育。做好玉米播前准备工作是提高播种质量的关键。

一、选用良种

（一）具体要求

选择适合当地环境栽培的优良品种。

（二）操作步骤

1. 根据当地种植制度选用生育期适宜的品种

我国各地气候条件、种植制度不同，对品种生育期长短的要求也不一样。生产上所选用的品种要符合当地的种植制度，既要保证其正常成熟，不影响下茬作物的播种，又要充分利用热量资源。春播玉米要求选用生育期较长、单株生产力高、抗病性强的品种；夏播玉米要求选用早熟、矮秆、抗倒伏的品种；套种玉米则要求选用株型紧凑、幼苗期耐阴的品种。

2. 因地制宜选用良种

如在水肥条件好的地区，宜选用耐肥水、生产潜力大的高产品种；在丘陵、山区，则应选用耐旱、耐瘠、适应性强的品种。

3. 选用抗病品种

要根据当地常发病的种类选用相应的抗病品种。

此外，还要根据生产上的特定需要如饲用玉米、甜玉米、黑玉米、笋玉米等选用相应良种。

（三）相关知识：玉米品种熟期类型的划分

玉米品种熟期类型的划分是玉米育种、引种、栽培以至生产上最为实用和普遍的类型划分。依据联合国粮农组织的国际通用标准，玉米的熟期类型可分为 7 类。

（1）超早熟类型。植株叶数 8~11 片，生育期 70~80 天。

（2）早熟类型。植株叶数 12~14 片，生育期 81~90 天。

（3）中早熟类型。植株叶数 15~16 片，生育期 91~100 天。

（4）中熟类型。植株叶数 17~18 片，生育期 101~110 天。

（5）中晚熟类型。植株叶数 19~20 片，生育期 111~120 天。

（6）晚熟类型。植株叶数 21~22 片，生育期 121~130 天。

（7）超晚熟类型。植株叶数 23 片以上，生育期 131~140 天。

（四）注意事项

不同的栽培制度需选用不同生育类型的玉米品种，若不了解这点，会使生产遭受损失。如把适合春播的晚熟玉米品种用于夏播，由于后期低温，灌浆成熟不好，将导致玉米减产。

二、种子处理

（一）具体要求

在精选种子、做好发芽试验的基础上，要进行晒种和拌种。晒种可提高发芽率，早出苗。药剂拌种，可根据当地常发生的病虫害确定药剂种类。对于缺少微量元素的地区，可根据缺少的元素种类进行微肥拌种。有条件的应利用种衣剂进行包衣。

（二）操作步骤

1. 晒种

晒种 2~3 天，对增加种皮透性和吸水力、提高酶的活性、促进呼吸作用和营养物质转化均有一定作用。晒种后可提高出苗率，早出苗 1~2 天。

2. 药剂拌种

对于地下害虫如金针虫、蝼蛄、蛴螬等，可用 50%辛硫磷乳油，用药量为种子量的 0.1%~0.2%，用水量为种子量的 10%，稀释后进行药剂拌种，或进行土壤药剂处理或用毒谷、毒饵等随播种随撒在播种沟内。

3. 种子包衣

包衣的方法有两种：一是机械包衣。由种子部门集中进行，适用于大批量种子处理。另一种是人工包衣。即在圆底容器中按药剂和种子比例，边加药边搅拌，使药液均匀地涂在种子表面。

（三）相关知识

包衣剂由杀虫剂、杀菌剂、复合肥料、微量元素、植物生长调节剂、保水剂和成膜物质加工制成。能够在播种后抗病、抗虫、抗旱，促进生根发芽。

三、整地

（一）具体要求

通过适当的土壤耕作措施，为播种、种子萌发和幼苗生长创造良好的土壤环境。

（二）操作步骤

1. 春玉米整地

春玉米地应进行秋深耕，既可以熟化土壤、积蓄雨雪、沉实土壤，又可以使土壤在经冬春冻融交替后其耕层松紧度适宜、保墒效果好、有效肥力高。有条件的地方，结合秋季耕地施入有机肥，效果更好。高产玉米深耕应达 23~27cm，具体深度还要视原来耕层深度和基肥用量灵活掌握。秋耕宜早不宜晚。但对积雨多、低洼潮湿地、土壤耕性差、不宜耕作的地块，可在早春耕地。春季整地，要求尽量减少耕作次数，对来不及秋耕必须春耕的地块，应结合施基肥早春耕，深度应浅些，并做到翻、耙、压等作业环节紧密结合，防止跑墒。

2. 夏玉米整地

夏玉米生育期短，争取早播是高产的关键，一般不要求深耕。如深耕，土壤沉实时间短，播后出苗遇雨土壤塌陷易引起断根及倒伏。深耕后土壤蓄水多，遇雨不能及时排除，易引起涝害，发生黄苗、紫苗现象。目前夏玉米整地有 3 种方法：一是全面整地，即前茬收获后全面耕翻耙耢，耕地深度不应超过15cm；二是局部整地，按玉米行距开沟，沟内集中施肥，再用犁使土肥混匀，平沟后播种；三是板茬播种，即在前作收获后，不整地、不灭茬，劈槽或打穴直接播种。目前，随着机械化水平的提高，板茬播种面积逐年扩大。

（三）高产玉米对土壤条件的要求

1. 土层深厚结构良好

据观察，玉米根系垂直深度达 1.5~2m，水平分布也在 1m 左右，要求土壤土层厚度在 80cm 以上，耕作层具有疏松绵软、上虚下实的土体构造。熟化土层渗水快，心土层保水性能好，抗涝、抗旱能力强。土壤孔隙大小比例适当，湿而不黏，干而不板。

2. 疏松通气

通气不良会使根系吸收养分、水分的功能降低，尤其影响对氮和钾的吸收。

3. 耕层有机质和速效养分含量高

土壤速效养分高且比例适当，养分转化快，并能持续均衡供应，玉米不出现脱肥和早衰，是获得玉米高产的基础。

4. 酸碱度适宜

土壤过酸过碱对玉米生长发育都有较大影响。据研究，氮、钾、钙、镁、硫等元素在 pH 值 6~8 时有效性最高，钼、锌等元素在 pH 值 5.5 以下时溶解度最大。玉米适宜的 pH 值范围为5~8，但以 pH 值 6.5~7.0 最好。玉米耐盐碱能力低，盐碱较重的土壤必须经改良后方可种植玉米。

（四）注意事项

北方地区秋耕后因冬季雨水少、春季干旱，应及时耙耢，不需晒垡。南方地区雨水较多、气温高、土壤湿度大，一般耕后不耙不耢，晒垡以促进土壤熟化。播种前要进行早春耙地，以利于保墒、增温。

四、施用基肥

（一）具体要求

玉米的基肥以有机肥为主，化肥为辅，氮、磷、钾配合施用。基肥的施用方法有撒施、条施和穴施，视基肥数量、质量不同而异。

（二）操作步骤

春玉米在秋、春耕时结合施用。夏玉米在套种时对前茬作物增施有机肥料而利用其后效。旱地春玉米或夏玉米施用部分无机速效化肥，增产显著。

（三）玉米各生育时期对氮、磷、钾元素的吸收

玉米氮、磷、钾的吸收积累量从出苗至乳熟期随植株干重的增加而增加，而且钾的快速吸收期早于氮和磷。三要素在不同时期的累积吸收百分率不同：出苗期 0.7%～0.9%，拔节期 4.3%～4.6%，大喇叭口期 34.8%～49.0%，抽雄期 49.5%～72.5%，开花期 55.6%～79.4%，乳熟期 90.2%～100%。玉米抽雄以后吸收氮、磷的数量均占 50%左右。因此，要想获得玉米高产，除要重施穗肥外，还要重视粒肥的供应。

从玉米每日吸收养分百分率看，氮、磷、钾吸收强度最大时期是在拔节期至抽雄期，即以大喇叭口期为中心的时期，拔节期至抽雄期的 28 天吸收氮 46.5%、磷 44.9%、钾 68.2%。可见，此期重施穗肥，保证养分的充分供给是非常重要的。此外，从开花期至乳熟期，玉米对养分仍保持较高的吸收强度，这个时期是产量形成的关键期。

从籽粒中的氮、磷、钾的来源分析，在籽粒中的三要素的累积总量约有 60%是由前期积累转移进来的，约有 40%是由后

期根系吸收的。因此，玉米施肥不但要打好前期基础，也要保证后期养分的充分供应。

（四）注意事项

基肥应重视磷、钾肥的施用。随着玉米产量的提高和大量元素施用量的增加，土壤中微量元素含量日渐缺乏，因此应根据各种微量元素的土壤临界浓度值适当施用微肥。

第三节　玉米播种技术

一、确定播种期

（一）具体要求

玉米的适宜播种期主要根据玉米的种植制度、温度、墒情和品种来决定。既要充分利用当地的气候资源，又要考虑前后茬作物的相互关系，为后茬作物增产创造较好条件。

（二）操作步骤

春玉米一般在5~10cm地温稳定在10~12℃时即可播种，东北等春播地区可从8℃时开始播种。在无水浇条件的易旱地区，适当晚播可使抽雄前后的需水高峰赶上雨季，避免"卡脖旱"。

夏玉米在前茬收后及早播种，越早越好。套种玉米在留套种行较窄地区，一般在麦收前7~15天套种或更晚些；套种行较宽的地区，可在麦收前30天左右播种。

（三）相关知识

无论春玉米还是夏玉米，生产上都特别重视适期早播。适期早播可延长玉米的生育期，充分利用光热资源，积累更多的干物质，为穗大、粒多、粒重奠定物质基础。适期早播对夏玉米尤为重要，因其生育期短，早播可使其在低温、早霜来临前成熟。

春玉米适时早播，能在地下害虫危害之前出苗，到虫害严重时，苗已长大，抵抗力增强，能相对减轻虫害。适期早播还能减轻夏玉米的大、小叶斑病、春玉米黑粉病等危害程度。

夏玉米早播可在雨季来临之前长成壮苗，避免发生"芽涝"，同时促进根系生长，使植株健壮。

二、选择种植方式

（一）具体要求

采用适宜的种植方式，提高玉米增产潜能。

（二）操作步骤

1. 等行距种植

种植行距相等，一般为 60~70cm，株距随密度而定。其特点是植株抽穗前，叶片、根系分布均匀，能充分利用养分和阳光。播种、定苗、中耕除草和施肥时便于操作，便于实行机械化作业。但在高肥水、高密度条件下，生育后期行间郁蔽，光照条件较差，群体个体矛盾尖锐，影响产量进一步提高。

2. 宽窄行种植

也称为大小垄，行距一宽一窄，宽行为 80~90cm，窄行为 40~50cm，株距根据密度确定。其特点是植株在田间分布不均匀，生育前期对光能和地力利用较差，但能调节玉米后期个体与群体间的矛盾。在高密度、高肥水的条件下，由于大行加宽，有利于中后期通风透光，使"棒三叶"处于良好的光照条件之下，有利于干物质积累，产量较高。但在密度小，光照矛盾不突出的条件下，大小垄就无明显的增产效果，有时反而减产。

3. 密植通透栽培模式

玉米密植通透栽培技术是应用优质、高产、抗逆、耐密优良品种，采用大垄宽窄行、比空、间作等种植方式，良种、良法结合，通过改善田间通风、透光条件，发挥边际效应，增加种植密度，提高玉米品质和产量的技术体系。通过耐密品种的应用，改变种植方式等，实现种植密度比原有栽培方式增加 10%~15%，提高光能利用率。

（1）小垄比空技术模式。采用种植 2 垄或 3 垄玉米空 1 垄的栽培方式。可在空垄中套种或间种矮棵早熟马铃薯、甘蓝、豆角等。在空垄上间种早熟矮秆作物，如间种油豆角或地膜覆盖栽培早大白马铃薯。当玉米生长至拔节期（6月末左右），早熟作物已收获，变成了空垄，改善了田间通风透光环境，使玉米自然形成边际效应的优势，从而提高产量。

（2）大垄密植通透栽培技术模式。把原65cm或70cm的2条小垄合为130cm或140cm的一条大垄，在大垄上种植2行玉米，两行交错摆籽粒，大垄上小行距35~40cm。种植密度较常规栽培增加 4 500~6 000 株/hm²。

4. 单粒播种技术

也称为玉米精密播种技术，用专用的单粒播种机播种，每穴只点播一粒种子，具有节省种子、不需要间苗和定苗、经济效益好的优点。

玉米精密播种（单粒播种）技术适用于土壤条件好、种子纯度高、发芽率高、病虫害防治措施有保证的玉米地块。要求种子净度不低于99%、纯度不低于98%、发芽率保证达到95%、含水量低于13%。选定品种后，要对备用的种子进行严格检查，去掉伤、坏或不能发芽的种子以及一切杂质，基本保证种子几何形状一致。

（三）相关知识

我国南北各地气候条件不同，玉米种植方式也不同。如东北地区多实行垄作以提高地温，黄淮平原多采用平作以利于保墒，南方地区多采用畦作以利于排水。播种方法主要有条播和点播。条播就是用播种工具开沟，把种子撒播在沟内，然后覆土。点播即按计划的行、株距开穴、点播、覆土。条播和点播两种方法应用机播作业的面积越来越大，机播工效高、质量好。

目前，玉米单粒播种面积逐年扩大，已渐成为一种发展方向。我国每年玉米的种植面积约为0.267亿hm²，用传统播种方法平均每公顷需种量约为45kg，每年需要玉米种子约为12亿kg。制种产量按 5 250kg/hm^2 计算,每年约需制种田 22.67 万 hm^2;而采用单粒播种技术平均每公顷需种量约为 18kg,每年需要玉米种子约为 4.8 亿 kg,每年约需制种田 9.3 万 hm^2。这样算来,每年可以节约 13 万 hm^2 的土地用于生产商品玉米,按单产 8 250kg/hm^2 计算,每年我国可以增加商品玉米总量约 11 亿 kg。

（四）注意事项

在生产上,采用哪种种植方式,要因地制宜,灵活掌握。

三、确定播种量

（一）具体要求

根据种子的具体情况和选用的播种方式确定播种量。

（二）操作步骤

种子粒大、种子发芽率低、密度大,条播时播种量宜大些;反之,播种量宜小些。一般条播种量为 45~60kg/hm^2,点播播种量为 30~45kg/hm^2。

四、种肥施用

（一）具体要求

种肥主要满足幼苗对养分的需要,保证幼苗健壮生长。在未施基肥或地力差时,种肥的增产作用更大。硝态氮肥和铵态氮肥容易为玉米根系吸收,并被土壤胶体吸附,适量的铵态氮对玉米无害。在玉米播种时配合施用磷肥和钾肥有明显的增产效果。

（二）操作步骤

种肥施用数量应根据土壤肥力、基肥用量而定。种肥宜穴施或条施,施用的化肥应通过土壤混合等措施与种子隔离,以免烧种。

（1）稳施氮肥。夏直播玉米应注重施种肥,在单产达 500kg 以上的高产田,每亩施氮应稳定在 9~12kg;单产 400~500kg 的中产田,每亩施氮应稳定在 7~10kg;单产小于 400kg 的低产田,每亩施氮应稳定在 6~8kg。同时,合理调整施用时期和方法,使用尿素时一定要牢记"尿素性平呈中性，各类土壤都适用；含氮高达四十六，很多追肥称英雄；施入土壤变碳铵，然后才能大水灌；千万牢记要深施，提前施用最关键"，只有这样，才能提高氮肥利用效果。

（2）控施磷肥。施用磷肥要根据土壤有效磷含量合理确定和控制用量。在高、中、低3种产量的田块中，每亩适宜的磷施用量应分别控制在7kg、6kg和5kg的范围内。春玉米磷肥一般作基肥施用，夏玉米可以随施氮肥时施用。

（3）增施钾肥。随着土壤速效钾逐年下降，缺钾面积不断扩大，为满足玉米生长对钾素的需求，必须全面增施钾肥。在高产田适宜的钾肥施用量为每亩8kg左右，中产田为7kg左右，低产田为6kg左右，氮、磷、钾施用比例应为1∶0.5∶0.6。

（4）补充微肥。因玉米品种改良、耕作制度改革及施肥结构变化，使得土壤中微量元素缺乏症状越来越明显，尤其是玉米缺锌症状已大面积出现。补施玉米锌肥，可在玉米浸种、包衣等方面配施，也可在玉米播种或苗期追肥时，普遍施用1~2kg的硫酸锌。

（三）注意事项

磷酸二铵作种肥比较安全；碳酸氢铵、尿素作种肥时，要与种子保持10cm以上距离。

五、确定播种深度

（一）具体要求

玉米播深适宜且深浅一致。

（二）操作步骤

一般播深要求4~6cm。土质黏重、墒情好时，可适当浅些；反之，可深些。玉米虽然耐深播，但最好不要超出10cm。

（三）相关知识

确定适宜的播种深度，是保证苗全、苗齐、苗壮的重要环节。适宜的播种深度依土质、墒情和种子大小而定。

六、播后镇压

（一）具体要求

玉米播后要进行镇压，使种子与土壤密接，以利于种子吸水出苗。

（二）操作步骤

用石头、重木或铁制的碌子于播种后进行。

（三）注意事项

镇压要根据墒情而定，墒情一般时，播后可及时镇压；土壤湿度大时，待表土干后再进行镇压，以免造成土壤板结，影响出苗。

第四节　苗期田间管理

玉米田间管理是根据玉米生长发育规律，针对各个生育时期的特点，通过灌水、施肥、中耕、培土、防治病虫草害等，对玉米进行适当的促控，调整个体与群体、营养生长与生殖生长的矛盾，保证玉米健壮生长发育，从而达到高产、优质、高效的目标。

这一时期的主攻目标是培育壮苗，为穗期生长发育打好基础。

一、查苗补苗

（一）具体要求

玉米出苗以后要及时查苗，发现苗数不足要及时补苗。

（二）操作步骤

补苗的方法主要有两种，一是催芽补种，即提前浸种催芽、适时补种，补种时可视情况选用早熟品种；二是移苗补栽，在播种时行间多播一些预备苗，如缺苗时移苗补栽。移栽苗龄以2~4叶期为宜，最好比一般大苗多1~2叶。

（三）相关知识

当玉米展开 3~4 片真叶时，在上胚轴地下茎节处，长出第 1 层次生根。4 叶期后补苗伤根过多，不利于幼苗存活和尽快缓苗。

（四）注意事项

补栽宜在傍晚或阴天带土移栽，栽后浇水，以提高成活率。移栽苗要加强管理，以促苗齐壮，否则形成弱苗，影响产量。

二、适时间苗、定苗

（一）具体要求

选留壮苗、大苗，去掉虫咬苗、病苗和弱苗。在同等情况下，选留叶片方向与垄的方向垂直的苗，以利于通风透光。

（二）操作步骤

春玉米一般在 3 叶期间苗，4~5 叶期定苗。夏玉米生长较快，可在 3~4 叶期一次完成定苗。

（三）相关知识

适时间苗、定苗，可避免幼苗相互拥挤和遮光，并减少幼苗对水分和养分的竞争，达到苗匀、苗齐、苗壮。间苗过晚易形成"高脚苗"。

（四）注意事项

在春旱严重、虫害较重的地区，间苗可适当晚些。

三、肥水管理

（一）具体要求

根据幼苗的长势，进行合理的肥料和水分管理。

（二）操作步骤

套种玉米、板茬播种（夏直播）而未施种肥的夏玉米于定苗后及时追施"提苗肥"。

（三）相关知识

玉米苗期对养分需要量少，在基肥和种肥充足、幼苗长势良好的情况下，苗期一般不再追肥。但对于套种玉米、板茬播种而未施种肥的夏玉米，应在定苗后及时追施"提苗肥"，以利于幼苗健壮生长。对于弱小苗和补种苗，应增施肥水，以保证拔节前达到生长整齐一致。正常年份玉米苗期一般不进行灌水。

四、蹲苗促壮

（一）具体要求

在苗期不施肥、不灌水、多中耕。

（二）操作步骤

蹲苗应掌握"蹲黑不蹲黄，蹲肥不蹲瘦，蹲湿不蹲干"的原则，即苗色黑绿、长势旺、地力肥、墒情好的宜蹲苗；地力薄、墒情差、幼苗黄瘦的不宜蹲苗。

（三）相关知识

通过蹲苗控上促下，培育壮苗。蹲苗的作用在于给根系生长创造良好的条件，促进根系发达，提高根系的吸收和合成能力，适当控制地上部的生长，为下一阶段株壮、穗大、粒多打下良好基础。蹲苗时间一般不超过拔节期。夏玉米一般不需要进行蹲苗。

五、中耕除草

（一）具体要求

苗期中耕一般可进行 2~3 次。

（二）操作步骤

第 1 次宜浅，掌握 3~5cm，以松土为主；第 2 次在拔节前，可深至 10cm，并且要做到行间深、苗旁浅。

（三）相关知识

中耕是玉米苗期促下控上的主要措施。中耕可疏松土壤，流通空气，促进根系生长，而且还可消灭杂草，减少地力消耗，并促进有机质的分解。对于春玉米，中耕还可提高地温，促进幼苗健壮生长。

化学除草已在玉米上广泛应用。我国不同玉米产区杂草群落不同，春、夏玉米田杂草种类也略有不同。春玉米以多年生杂草、越年生杂草和早春杂草为主，如田旋花、荠菜、藜、蓼等；夏玉米则以一年生禾本科杂草和晚春杂草为主，如稗草、马唐、狗尾草、异型莎草等。受杂草危害严重的时期是苗期，此期受害会导致植株矮小、秆细叶黄以及中后期生长不良。

目前，玉米田防除杂草的除草剂品种很多，可根据杂草种类、危害程度，结合当地气候、土壤和栽培制度，选用合适的除草剂品种。施药方式应以土壤处理为主。

（四）注意事项

中耕对作物生长的作用不仅仅为了除草，即便是化学除草效果很好的田块，为了疏松土壤、提高地温、促进根系发育仍要进行必要的中耕。

第五节　穗期田间管理

这一时期的主攻目标是促进植株生长健壮和穗分化正常进行，为优质高产打好基础。

一、追肥

（一）具体要求

在玉米穗期进行 2 次追肥，以促进雌雄穗的分化和形成，争取穗大粒多。

（二）操作步骤

1. 攻秆肥

指拔节前后的追肥，其作用是保证玉米健壮生长、秆壮叶茂，促进雌雄穗的分化和形成。

攻秆肥的施用要因地、因苗灵活掌握。地力肥沃、基肥足，应控制攻秆肥的数量，宜少施、晚施甚至不施，以免引起茎叶徒长；在地力差、底肥少、幼苗生长瘦弱的情况下，要适当多施、早施。攻秆肥应以速效性氮肥为主，但在施磷、钾肥有效的土壤上，可酌量追施一些磷、钾肥。

2. 攻穗肥

指抽雄前 10~15 天即大喇叭口期的追肥。此时正处于雌穗小穗、小花分化期，营养体生长速度最快，需肥需水最多，是决定果穗籽粒数多少的关键时期。所以这时重施攻穗肥，肥水齐攻，既能满足穗分化的肥水需要，又能提高中上部叶片的光合生产率，使运输到果穗的有机养分增多，促使粒多粒饱。

穗期追肥应在行侧适当距离深施，并及时覆土。一般攻秆肥、攻穗肥分别施在距植株 10~15cm、15~20cm 处较好。追肥深度以 8~10cm 较好，以提高肥料利用率。

（三）注意事项

两次追肥数量的多少，与地力、底肥、苗情、密度等有关，应视具体情况灵活掌握。春玉米一般基肥充足，应掌握"前轻后重"的原则，即轻施攻秆肥、重施攻穗肥，追肥量分别占 30%~40%、60%~70%。套种玉米及中产水平的夏玉米，应掌握"前重后轻"的原则，2 次追肥数量分别约占 60%、40%。高产水平的夏玉米，由于地力壮，密度较大，幼苗生长健壮，则应掌握前轻后重的原则。

二、灌水

（一）具体要求

玉米穗期气温高，植株生长迅速，需水量大，要求及时供应水分。

（二）操作步骤

一般结合追施攻秆肥浇拔节水，使土壤含水量保持在田间持水量的 70% 左右。大喇叭口期是玉米一生中的需水临界期，缺水会造成雌穗小花退化和雄穗花粉败育，严重干旱则会造成"卡脖旱"，使雌雄开花间隔时间延长，甚至抽不出雄穗，降低结实率。所以此期遇旱一定要浇水，使土壤含水量保持在田间持水量的70%~80%。

玉米耐涝性差，当土壤水分超过田间持水量的80%时，土壤通气状况和根系生长均会受到不良影响。如田间积水又未及时排出，会使植株变黄，甚至烂根青枯死亡，所以遇涝应及时排水。

三、中耕培土

（一）具体要求

拔节后及时进行中耕，可疏松土壤、促根壮秆、清除杂草。

（二）操作步骤

穗期中耕一般进行2次，深度以2~3cm为宜，以免伤根。到大喇叭口期结合施肥进行培土，培土不宜过早，高度以6~10cm为宜。

（三）注意事项

培土可促进根系大量生长，防止倒伏并利于排灌。在干旱年份、干旱地区或无灌溉条件的丘陵地区不宜培土。多雨年份，地下水位高的地区培土的增产效果明显。

四、除蘖

（一）具体要求

当田间大部分分蘖长出后及时将其除去，一般进行两次。

（二）操作步骤

于拔节后及时除去分蘖。

（三）相关知识

玉米拔节前，茎秆基部可以长出分蘖，但分蘖量少，玉米分蘖的形成既与品种特性有关，也和环境条件有密切的关系。

一般当土壤肥沃，水肥充足，稀植早播时，其分蘖多，生长亦快。由于分蘖比主茎形成晚，不结穗或结穗小，晚熟，并且与主茎争夺养分和水分，应及时除掉，否则会影响主茎的生长与发育。

（四）注意事项

饲用玉米多具有分蘖结实特性，应保留分蘖，以提高饲料产量和籽粒产量。

五、使用玉米健壮素等植物生长调节剂防玉米倒伏

（一）具体要求

通过使用乙烯利对玉米的生长发育进行调控，增强玉米抗倒伏性。

（二）操作步骤

最佳施用时期是在玉米雌穗的小花分化末期。从群体看，是田间有60%左右的植株还有7~8片余叶尚未展开，喷药后的5~6天将抽雄，有1%~3%的植株已见雄穗。应均匀喷洒到上部叶片上，做到不重喷，不漏喷。对弱苗、小苗避开不喷。如喷后6h内遇雨应重喷1次，但药量减半。

每公顷15支（每支30ml），对水225~300kg，喷于玉米植株上部叶片。

（三）相关知识

乙烯利是一种植物生长调节剂的复配剂，它被植物叶片吸收，进入体内调节生理功能，使叶形直立，且短而宽，叶片增厚，叶色深，株形矮健节间短，根系发达，气生根多，发育加快，提早成熟，降低株高和穗位，是高密度高产玉米防止倒伏、提高产量的重要措施。

此外，玉米壮丰灵、玉黄金、吨田宝、达尔丰、维他灵2号、矮壮素、多效唑、玉米矮多收、40%乙烯利等，都具有抗倒增产的效果。

（四）注意事项

乙烯利不能与其他农药化肥混合喷施，以防止药剂失效。

用药过早，使植株过于矮小，不仅抑制了节间伸长，还使果穗发育受到很大影响，造成严重减产；用药偏晚，在雄穗抽出后才喷药，那时大多数节间已基本定型，降低株高的作用不明显。此外，由于不同品种、不同播期（春播或夏播）的玉米叶片总数常有一定的变化，以叶片数为喷药标准，应注意品种特性，还应注意基部已经枯萎的叶片。

喷施乙烯利最明显的效果是降低株高防止倒伏。因此，应适当增加密度，靠增穗降杆防倒伏来增加产量，一般可掌握在常规播种密度下再增加 0.75 万~1.50 万株/hm^2。在不增密度并且无倒伏危险的情况下，喷施乙烯利的增产幅度较小，甚至不增产或减产。

第六节 花粒期田间管理

花粒期的主攻目标是：促进籽粒灌浆成熟，实现粒多、粒重。

一、巧施攻粒肥

（一）具体要求

根据田间长势施好攻粒肥。

（二）操作步骤

在穗期追肥较早或数量少，植株叶色较淡，有脱肥现象，甚至中下部叶片发黄时，应及时补施氮素化肥。

（三）注意事项

攻粒肥宜少施、早施，施肥量为总追肥量的 10%~15%，时间不应晚于吐丝期。如土壤肥沃，穗期追肥较多，玉米长势正常，无脱肥现象，则不需再施攻粒肥。

二、浇灌浆水

（一）具体要求

通过浇灌浆水，促进籽粒灌浆。

（二）操作步骤

抽穗到乳熟期需水很多，适宜的土壤水分可延长叶片功能期，防止早衰，促进籽粒形成和灌浆，干旱时应进行浇水，以增粒、增重。田间积水时应及时排水。

三、去雄

（一）具体要求

在玉米雄穗刚刚抽出能用手握住时，进行去雄。

（二）操作步骤

采取隔行或隔株去雄的方法。去雄时，一手握住植株，一手握住雄穗顶端往上拔，要尽量不伤叶片不折秆。同一地块，当雄穗抽出1/3时，即可开始去雄，待大部分雄穗已经抽出时，再去1次或2次。

（三）相关知识

玉米去雄是一项简单易行的增产措施，一般可增产4%~14%。每株玉米雄穗可产生1 500万~3 000万个花粉粒。对授粉来说，1株玉米的雄穗至少可满足3~6株玉米果穗花丝授粉的需要。由于花粉粒从形成到成熟需要大量的营养物质，为了减少植株营养物质的消耗，使之集中于雌穗发育，可在玉米抽雄穗始期（雄穗刚露出顶叶，尚未散粉之前），及时地隔行去雄，能够增加果穗穗长和穗重，使双穗率有所提高，植株相对变矮，田间通风透光条件得到改善，提高光合生产率，因而籽粒饱满，产量提高。

（四）注意事项

去雄不要拔掉顶叶，以免引起减产。去雄株数最多不宜超过 1/2。边行 2~3 垄和间作地块不宜去雄，以免花粉不够影响授粉；高温、干旱或阴雨天较长时，不宜去雄；植株生育不整齐或缺株严重地块，不宜去雄，以免影响授粉。

四、人工辅助授粉

（一）具体要求

在玉米散粉期，如果花粉数量不足，可及时进行人工辅助授粉。

（二）操作步骤

人工辅助授粉一般在雄穗开花盛期，选择晴朗的微风天气，在上午露水干后进行。隔天进行 1 次，共进行 3~4 次即可。可采用摇株法或拉绳法授粉，也可用授粉器授粉。

（三）相关知识

正常情况下，一般靠玉米天然传粉都能满足雌穗授粉的需要，但在干旱、高温或阴雨等不良条件影响下，雄穗产生的花粉生活力低，寿命短，或雌雄开花间隔时间太长，影响授粉、受精、结实。此外，植株生长不整齐时，发育较晚的植株雌穗吐丝时，花粉量不足，也会影响结实。因此，人工辅助授粉可保证受精良好，减少秃尖、缺粒。

五、站秆扒皮晾晒

（一）具体要求

在玉米蜡熟中期进行。

（二）操作步骤

将苞叶扒开，使果穗籽粒全部露出。扒皮晾晒的适宜时期是玉米蜡熟中期，籽粒形成硬盖以后。过早进行影响穗内的营养转化，对产量影响较大；过晚，脱水时间短，起不到短期内降低含水量的作用。

（三）相关知识

站秆扒皮晾晒，可以加速果穗和籽粒水分散失，是一项促进早熟的有效措施。

（四）注意事项

扒皮晾晒时应注意不要将穗柄折断，特别是玉米螟为害较重、穗柄较脆的品种更要注意。

第七节　玉米"一增四改"增产技术

"一增四改"：即合理增加玉米种植密度、改种耐密型品种、改套种为平播、改粗放用肥为配方施肥、改人工种植为机械化作业。技术核心内容如下。

1. 一增

就是合理增加玉米种植密度。根据品种特性和生产条件，因地制宜将现有品种的种植密度普遍增加 500~1 000 株/亩。如果每亩增加 500 株左右，通过增施肥料以及其他配套技术措施的落实，每亩可以提高玉米产量 50kg 左右。

2. 一改

改种耐密型高产品种。耐密型品种不完全等同于紧凑型品种，有些紧凑型品种不耐密植。耐密植型品种除了株型紧凑、叶片上冲外，还应具备小雄穗、坚茎秆、开叶距、低穗位和发达的根系等耐密植的形态特征。不但可以耐每亩 5 000 株以上的高密度，密植而不倒，果穗全，无空秆，而且还具有较强的抗倒伏能力、耐阴雨雾照能力、较大的密度适应范围和较好的施肥响应能力。

3. 二改

改套种为平播。玉米套种限制了密度的增加，降低了群体的整齐度，特别是共生期间由于小麦的遮光、争水、争肥，病虫害严重，田间操作困难，影响了玉米苗期生长和限制了产量的进一步提高。平播有利于机械化作业，可以大幅度提高密度、亩穗数和产量。一般来说，平播即小麦收割后不经过整地，在麦茬田直接免耕播种玉米，通常称为玉米铁茬免耕播种。

4. 三改

改粗放用肥为配方施肥。玉米粗放施肥成本高，养分流失严重，改为配方施肥的具体措施为：一是按照作物需要和目标产量科学合理地搭配肥料种类和比例；二是把握好施肥时期，提高肥料利用率；三是采用在需要时期集中、开沟深施，科学管理；四是水肥耦合，以肥调水。如果没有肥水的供给保障，很难发挥耐密型品种的增产潜力。

5. 四改

改人工种植为机械化作业。机械化作业的好处是：一是可以减轻繁重的体力劳动，提高生产效率。人工种植的效率低下，浪费人力、物力和财力。机械化作业省时省力，效率较高。二是可以提高播种速度和质量。春争日，夏争时，夏玉米提早播种有显著增产效果。机械播种有利于一次播种拿全苗，保障种植密度，使技术措施容易规范到位，确保播种速度和质量，逐步实现精量和半精量。三是可以加快套种改平播夏玉米免耕栽培技术的推广。用机械播种可以快速完成夏玉米铁茬免耕直播，靠人工很难实现。四是可使播种、施肥、除草等作业一次完成，简化作业环节，提高作业效率，节约生产成本，提高投入产出比。

第八节　玉米收获技术

一、玉米测产技术

（一）具体要求

根据玉米的产量构成因素，估测出玉米产量。

（二）操作步骤

采用对角线五点取样法，分别选取代表性样点，四周样点距地边要有一定距离，以避免边际效应。

1. 测每公顷株数

在每个样点测 10 行的距离，求平均行距；测 50~100 株的距离，求平均株距。

每公顷株数 = 10 000(m²) ÷ [平均行距(m)×平均株距(m)]

2. 测单株结穗率

在每个样点数 50~100 株玉米，再数其所结果穗数，计算单株结穗率。

3. 测每穗粒数

在每个样点选取若干代表性果穗、脱粒、数总粒数，求每穗粒数。

4. 测千粒重

将所脱籽粒混匀，随机选取 1 000 个籽粒，烘干称重或根据品种的常年千粒重平均值估算。

5. 计算每公顷产量

公顷理论产量（kg/hm²）= 公顷株数×单株结穗率（%）×每穗粒数×千粒重（g）×10⁻⁶×85%

（三）相关知识

玉米的产量构成因素为：每公顷株数、单株结穗率、每穗粒数、千粒重。

（四）注意事项

测每穗粒数时，对于果穗大小相差较大的双穗型玉米，应根据其单株结穗情况分别选取一定比例的大、小果穗，以降低误差。

二、收获

(一) 具体要求

及时进行收获, 提高品质, 减少产量损失。

(二) 操作步骤

食用玉米一般以完熟期收获为宜。表现为穗苞叶松散, 籽粒内含物已完全硬化, 指甲不易掐破。籽粒表面具有鲜明的光泽, 靠近胚的基部出现黑层, 整个植株呈现黄色。

种子田玉米要在蜡熟末期收获。此时种子已具有较高的发芽能力, 干物质积累最多, 早收有利于籽粒干燥, 提高种子质量。

饲用青贮玉米宜在乳熟末期至蜡熟初期收获, 此时全株的营养物质含量最高, 植株含水量在 75% 左右, 适于青贮。

玉米收获方法有人工收获和机械收获两种。机械收获能 1 次完成割秆、摘穗、切碎茎叶及抛撒还田等工序。

(三) 相关知识

玉米适宜收获的时期, 必须根据品种特性、成熟特征、栽培要求等掌握。黑层是玉米籽粒尖冠处的几层细胞, 在玉米接近成熟时皱缩变黑而形成的。黑层的出现是玉米生理成熟的标志。黑层形成后, 胚乳基部的输导细胞被破坏, 运输机能终止, 即籽粒灌浆停止。

三、玉米适当晚收增产技术

玉米晚收增产技术是针对黄淮地区套种玉米密度不足、群体质量差, 玉米收获期普遍较早以及玉米灌浆和品种特性等问题提出的, 该技术对有效提高玉米机械化、标准化、产业化, 达到稳产、高产具有良好效果。

技术要点如下。

①品种选择。选用中晚熟高产紧凑型玉米品种, 要求花后群体光合高值持续期长, 耐密植、抗逆性强、活棵成熟, 生育期 105~110 天, 有效积温 1 200~1 500℃。

②改麦套为麦收后直播。改 5 月中下旬麦田套种玉米为 6 月 5—15 日麦收后直播。麦收后可及时耕整、灭茬，足墒机械播种；或者采用免耕播种机播种；或者抢茬直播，留茬高度不超过 40cm。等行距一般应为 60~70cm；大小行时，大行距应为 80~90cm，小行距应为 30~40cm。播深为 3~5cm。

③合理密植。紧凑中穗型玉米品种留苗 4 500~5 000 株/亩，紧凑大穗型品种留苗 3 500~4 000 株/亩。

④平衡施肥。前茬冬小麦施足有机肥 3 000kg/亩以上的前提下，以施用化肥为主；根据产量确定施肥量，一般高产田按每生产 100kg 籽粒施用纯氮 3kg，五氧化二磷 1kg，氧化钾 2kg 计算；平衡氮、硫、磷营养，配方施肥；在肥料运筹上，轻施苗肥、重施大口肥、补追花粒肥。苗肥，在玉米拔节期将氮肥总量 30%+全部磷、钾、硫、锌肥，沿幼苗一侧开沟深施（15~20cm），以促根壮苗；穗肥，在玉米大喇叭口期（第 11~12 片叶展开）追施总氮量的 50%，深施以促穗大粒多；花粒肥，在籽粒灌浆期追施总氮量的 20%，以提高叶片光合能力，增粒重。也可选用含硫玉米缓控释专用肥，苗期一次性施入。

⑤精细管理。及时间苗、定苗，于 3 叶期间苗，5 叶期定苗，不得延迟，以防苗荒；应及时将分蘖除去，在小喇叭口期及时拔除小弱株；在拔节到小喇叭口期，对长势过旺的玉米，合理喷施安全高效的植物生长调节剂（如健壮素、多效唑等），以防止玉米倒伏；当雄穗抽出而未开花散粉时，隔行或隔株去除雄穗，但地头、地边 4m 内的不去，并于盛花期进行辅助授粉；于苗期和穗期，结合除草和施肥及时中耕两次；加强病虫草害综合防治。

⑥适时晚收。改变过去"苞叶变黄、籽粒变硬即可收获"为"苞叶干枯、籽粒基部出现黑层、籽粒乳线消失时收获"，一般在 9 月 25 日至 10 月 5 日收获。同时在 10 月 10 日前后播种小麦，确保小麦玉米两熟全年丰收。

玉米适当晚收效果。长期以来，受传统农业生产习惯的影响，农民收获玉米过早，玉米苞叶刚开始发黄，还未完全成熟就开始收获，一般比适宜收获期提前10天以上。玉米苞叶发黄正处于蜡熟期，早收获造成光热资源浪费，玉米产量潜力不能充分发挥，影响了玉米产量增长。根据山东省菏泽市玉米生产水平，采用玉米晚收技术，适当推迟玉米收获期增产显著。自蜡熟开始至完熟期，每晚收1天，千粒重增加3~4g，亩增加产量5~7.5kg，如果晚收10天，使籽粒灌浆期延长到50天以上，亩增产可达50kg以上。推迟玉米收获期简便易行，不增加农业生产成本，只通过延长玉米生长期，相应推迟玉米收获期，就可以大幅度提高玉米产量。

四、贮藏

（一）具体要求

为了玉米安全贮藏，首先要进行玉米的干燥，使籽粒含水量降到13%以下。

（二）操作步骤

粒用玉米的干燥方法有两种：一种是带穗贮藏于苞米楼（架）上；一种是脱粒在场院晾晒或用烘干机在60℃温度下烘干。种用玉米应拴吊晾晒，至种子水分下降到16%以下时，带穗挂藏于通风仓库，种子水分可继续下降到13%以下，故能安全越冬。如果种子水分较大，可在室内升温并保持40℃，定时通风排湿，经60~80h，种子水分可下降到13%左右，这时即可停止加温，种子便可安全贮藏。

（三）相关知识

13%是玉米种子安全贮藏时的标准含水量。如果高于13%，由于籽粒中有部分游离水，籽粒仍在旺盛呼吸，消耗籽粒内营养物质，降低发芽率。呼吸产生的热量，使有害微生物繁殖侵染，籽粒霉烂，失去使用价值。所以要特别注意种子的贮藏保管。

第三章　棉　花

棉花在植物分类学上属被子植物，锦葵科棉属。棉属植物多为一年生亚灌木、多年生灌木或小乔木。根据 Fryxell（1992）的分类，棉属分为 4 个亚属 50 个种。其中栽培种有 4 个，分别为草棉、亚洲棉、陆地棉和海岛棉。

草棉原产于非洲南部，是非洲大陆栽培和传播比较早的棉种，又称为非洲棉。亚洲棉原产于印度大陆，由于它在古代中国栽培、传播较早，故也称作中棉（俗称粗绒棉）。二者均为二倍体，被称为旧世界棉。

陆地棉（俗称细绒棉）原产于中美洲墨西哥的高地及加勒比海地区。目前棉花生产上所栽培的品种绝大多属陆地棉。海岛棉原产于南美洲、中美洲、加勒比海群岛和加拉帕戈斯群岛，由于其纤维长，又称为长绒棉。二者均为四倍体，被称为新世界棉。当前世界上栽培的棉花 98% 以上是陆地棉和海岛棉。

棉花是我国重要的经济作物，是纺织工业的重要原料，也是轻工、化工、医药和国防工业的重要原料，棉花机棉纺织品是我国重要的创汇物资。

棉籽仁含丰富的油脂和蛋白质，含油率高达 35% ~ 46%，精炼后的棉籽油色清透明，可食用；蛋白质含量高达 30% ~ 35%，脱毒棉籽仁是良好的饲料。棉籽壳、棉秆、棉根等也均有重要用途。发展棉花生产对国民经济具有十分重要的意义。

第一节　棉花栽培基础

一、棉花的生育特性

棉花原产于亚热带地区，为多年生植物，引种到温带以后，经长期的人工选择和培育，逐渐成为一年生作物，但仍保留了原有的无限生长、喜温好光、再生能力强等生育特性。

（一）无限生长习性，株型具有可塑性

棉花的无限生长习性是指在适宜的环境条件下，棉株可以不断进行纵向和横向生长，生长期不断延长的特性。生产上采取的适期早播、地膜覆盖、育苗移栽及防止早衰等措施，均是利用棉花的无限生长习性，以期延长其生长期，增加有效结铃时间，充分发挥其增产潜力。

棉花株型具有很大的可塑性，棉株大小、群体长势、长相等，均受环境条件和栽培措施的影响而发生变化。

（二）喜温好光

棉花生长发育所需的温度较其他作物高。若温度偏低，则生长缓慢，生育推迟，从而造成减产、晚熟和品质降低。棉花生长发育的适宜温度为 25～30℃，在适宜的温度范围内，其生育进程随温度的升高而加快。棉花完成其生长周期所需的积温也高于其他作物，从播种到吐絮需 ≥10℃ 的活动积温，早熟陆地棉品种为 2 900～3 100℃，中早熟陆地棉品种为 3 200～3 400℃。

日照长短和光照强度均会影响棉花的生育。据测定，棉花在每日 12h 光照条件下发育最快；棉花单叶的光补偿点为 1 000～1 200lx，光饱和点为 7 万～8 万 lx，均高于其他作物，棉叶的向光运动，即是棉花喜光特性的表现。棉花产量潜力及纤维品质优劣与当地太阳辐射强度、全年日照时数及日照百分率密切相关。

（三）营养生长和生殖生长并进时间长

棉花从开始现蕾（严格讲在 2～3 片真叶时即开始花芽分化）到停止生长，一直都是营养生长与生殖生长并进阶段，约占整个生育期的4/5；棉株在长根、茎、叶的同时，不断分化花原基、现蕾、开花、结铃。这段时间内，营养生长和生殖生长既互相依赖，又互相制约，在营养物质分配以及对环境条件要求上存在着矛盾，现蕾、开花、结铃盛期尤为突出。

（四）适应性广，再生能力强，结铃有一定的自我调节能力

棉花根系强大，吸收肥水能力强，对旱涝和土壤盐分具有很强的耐受力。研究表明，在 10～30cm 土层含水量 8%～12% 时，棉花仍能存活；在淹水 3～4 天后，如能及时排水，仍可恢复生长；土壤含盐量在 0.3% 以下，棉花能出苗并正常生长发育。此外，棉花对土壤酸碱度的适应范围也较广，在 pH 值 5.2～8.5 的土壤中均能正常生长。

棉花的每个叶腋内都生有腋芽，当棉株遭灾受损后，只要有茎节，其中的腋芽就可长成枝条，直接或间接开花结铃而获得一定产量；棉花的幼根断伤之后，也能生长出更多的新根。

棉花结铃有很强的时空调节补偿能力，前、中期脱落多而结铃少时，后期结铃就会增多；内围脱落多时，外围结铃就会增多；反之亦然。

二、棉花的经济产量形成

（一）棉花经济产量的构成

棉花的经济产量是指籽棉或皮棉产量。棉花的经济系数，以籽棉计一般为 0.35～0.40，以皮棉计为 0.13～0.16。皮棉的产量构成因素为：

皮棉（kg/hm²）= 单位面积总铃数（个/hm²）×平均单铃重（g）×衣分（%）/1000

1. 单位面积铃数

单位面积铃数是产量构成的基本因素。在黄河流域棉区，中熟陆地棉品种的平均单铃重 4g 左右，衣分 36%～40%，皮棉产量为 750kg/hm²，需成铃 60 万个左右；1 125kg/hm²，需成铃 82.5 万个左右；1 500 kg/hm²，需成铃 97.5 万～105 万个。因此，提高中、低产棉田产量应主攻单位面积铃数。新疆维吾尔自治区（以下简称新疆）棉区由于单铃重高（一般为 5～7g），达到相应产量水平所需单位面积铃数要少。

影响单位面积铃数的因素如下。

（1）地力水平。研究表明，单位面积铃数与土壤有机质含量呈显著正相关，土壤有机质含量高，单位面积铃数多。

（2）种植密度。在一定密度范围内，密度增加，单位面积铃数增加，单产提高。但若密度过大，个体发育受影响，单株果节数减少，蕾铃脱落严重，单位面积结铃数减少，产量降低。

（3）水分。在缺水条件下，生物产量降低，群体结铃受到影响。

2. 单铃重

单铃重指棉花单株平均单个棉铃的籽棉重量（g）。在群体铃数相同的情况下，铃重是决定产量的主要因素。在高产条件下提高产量，必须挖掘铃重的潜力。

单铃重除受品种遗传特性影响外，主要受温度与热量条件的影响。棉铃发育的最适温度为 25～30℃。在棉铃发育期间，当≥15℃的活动积温在 1 300～1 500℃时，棉铃可以正常开裂吐絮；≥15℃的活动积温少于 1 100℃时，大部分棉铃不能正常吐絮，铃重也随有效积温的递减而下降。其次，单铃重受肥水条件的影响，地力和肥水条件优越，栽培管理水平高，植株同化物合成能力强，单铃重高。

3. 衣分

衣分高低主要决定于品种的遗传特性，受外界环境条件影响较小。

（二）棉花成铃的时空分布

1. 棉花"三桃"及与产量的关系

棉花在不同时期开花所结的铃称为棉铃的时间分布。根据棉铃成铃时间的早晚，分为伏前桃、伏桃和秋桃，即生产上所谓的"三桃"。伏前桃指 7 月 15 日前所结的成铃；伏桃指 7 月

16 日至 8 月 15 日间所结的成铃（新疆棉区指 7 月 16 日至 8 月
10 日所结成铃）；秋桃指 8 月 16 日以后所结的成铃。秋桃又可
分为早秋桃（8 月 16—31 日所结成铃）和晚秋桃（9 月 1 日以
后所结有效成铃）。

伏前桃位于棉株下部，结铃早，在三桃中所占比例不大
（10%左右），但它是棉株早发稳长的重要标志。伏前桃存在，
可促使棉株养分更多输向蕾铃，控制茎叶徒长，为棉株稳长、
多结伏桃创造条件。因而，伏前桃是赢得高产的保障。但由于
其位于植株下部，光照条件差，故品质较差，烂铃率也高。伏
前桃过多会对营养生长早期抑制过量，导致棉株早衰，不利于
后期结铃，更不利于在最佳结铃期内多结优质铃。

伏桃位于棉株中部和靠近主茎的内围，加之生长时的外界
温光水条件适宜，单铃重高，品质好。高产棉田伏桃一般要占
总铃数的 60%左右，产量约占总产量的 70%。所以，多结伏桃
是优化成铃结构，夺取高产优质的关键。

早秋桃生长时的气温较高，昼夜温差大，光照充足，故铃
重较大，品质较好，也是构成棉花高产优质的重要组成部分。
一般高产棉田，早秋桃应占 20%左右；两熟棉田和夏棉，早秋
桃更是形成产量的主体桃。

晚秋桃着生于棉株上部和果枝外围，是在气温逐渐下降，
棉株长势逐渐衰退条件下形成的，铃重轻、品质差。晚秋桃的
多少可反映棉株生育后期的长势，晚秋桃过多，表明棉株贪青
晚熟；晚秋桃比例过低，表示棉株衰退过早，伏桃和早秋桃的
铃重和品质也会受到影响。一般晚秋桃以 10%左右为宜。

2. 棉花成铃的空间分布

棉花成铃的空间分布与产量品质也有密切的关系。就纵向
分布看，以中部（5~10 果枝）的成铃率较高，铃大、品质好，
下部（1~4 果枝）次之，上部（11 果枝以上）较低。但如管理
不善，营养生长过旺，棉田过早封行，中下部蕾铃脱落严重，
上部成铃率也会提高。从横向分布看，靠近主茎内围的 1~2 果

节成铃率高，而且铃大，品质好，越远离主茎的外围果节成铃率越低，铃重越轻。栽培上适当密植增产主要的原因，就是增加了内围铃的比重。

三、棉花的蕾铃脱落及防止措施

棉花的蕾铃脱落，是棉株适应外界环境条件调节自身代谢过程的生理现象，一般脱落率在60%~70%。明晓蕾铃脱落的规律与原因，有利于通过农业技术措施，使棉株在最佳部位多结铃少脱落，获得优质高产。

（一）蕾铃脱落的规律

蕾铃脱落包括开花前的落蕾和开花后的落铃。在蕾铃脱落中，落蕾与落铃的比例，一般为3∶2。但不同年份、不同地区和栽培条件下，蕾铃脱落的比例有所变化。一般地力肥沃、密度偏低、生长健壮的棉株落铃率高于落蕾率；地力薄、密度较大、前期虫害或干旱严重时，落蕾率高于落铃率。

棉花从现蕾至吐絮均有脱落，其中以11~20天幼蕾脱落最多，20天以上的大蕾较少；开花后3~8天的幼铃易脱落，10天以上的大铃很少脱落。

下部果枝及靠近主茎的蕾铃脱落少，上部果枝、远离主茎的蕾铃脱落多；在密度过大，肥水过多，棉株徒长时，蕾铃脱落部位与上述相反。

初花期以前很少脱落，以后渐多，开花结铃盛期达到高峰。据研究，开花前脱落数仅占总脱落数的2%左右，开花结铃盛期脱落数约占总脱落数的56%左右。

（二）蕾铃脱落的原因

棉花的蕾铃脱落由多种因素造成，原因比较复杂，基本上可分为生理脱落、病虫为害和机械损伤。

1. 生理脱落

生理脱落是指在外界条件影响下，棉株内部果胶酶和纤维素酶的活动加剧,在蕾柄或铃柄处形成离层而导致的脱落。生理脱落是蕾铃脱落的基本原因,占总脱落率的70%左右。

(1)有机养料不足或分配不当。当外界环境条件不适合时,棉株生长瘦弱或徒长,引起棉株体内有机养料不足或分配不当,使蕾铃得不到充足的有机养料而脱落。

①肥料。在缺肥情况下,棉株吸收养分少,生长瘦弱,叶面积小,导致光合产物少,造成上部和外围蕾铃脱落多。肥沃棉田,施肥不当,特别是氮肥过多,不仅引起棉株徒长,田间荫蔽,削弱光合作用,制造的养分少;而且光合产物多用于合成蛋白质,供营养生长的多,输送到蕾铃中的少,也导致蕾铃大量脱落。磷素充足,能加快叶内糖分运往蕾铃的速度,可有效减少蕾铃脱落。

②水分。严重缺水时,棉株叶片萎蔫,蒸腾作用减弱,体温升高,呼吸作用加强,光合作用减弱,有机养料合成少,消耗多,蕾铃因营养不足而脱落。土壤水分过多,土壤通气不良,氧气不足,地温降低,影响根系的呼吸和吸收作用,也会造成蕾铃的大量脱落。

③光照。光照不足,棉花光合强度低,制造的有机养分少,合成的蛋白质多于糖类,且减慢有机养分向蕾铃输送的速度,造成蕾铃有机养分不足而脱落。

④温度。温度超过35℃时,光合作用受到抑制,超过40℃时,光合作用就会停止;高温还会提高叶片蒸腾拉力,减少或中断输向蕾铃的营养液流,甚至会引起幼蕾、幼铃内的养分倒流而导致蕾铃脱落。

(2)没有受精。未受精的幼铃,生长代谢强度弱,主动吸取养分的能力差,不能满足生长发育需要,必然导致脱落。开花时降雨、高温、干旱等不良环境条件,均会破坏花粉和授粉受精过程,造成子房不能受精。据石家庄农业气象站调查,棉花开放时,株间温度35℃以上,约有1/5的花药不能开裂,1/3的花粉不能发芽;上午或全天降雨,脱落可达80%~90%,下午或夜间降雨脱落为 40%~70%，而晴天仅为 20%~40%。

（3）植物激素平衡失调。棉株体内激素类物质的含量发生改变后，会使激素之间失去平衡状态，引起蕾铃脱落。

2. 病虫为害

病虫为害可直接或间接地引起蕾铃脱落。直接为害蕾铃的虫害有盲椿象、棉铃虫、金刚钻等，为害时间长而严重；间接为害的主要为蚜虫，造成卷叶，减少叶面积和光合产物而引起蕾铃脱落。造成蕾铃大量脱落病害主要有枯黄萎病和红叶茎枯病。

3. 机械损伤

田间作业不慎，或者遭到冰雹、暴风雨等的袭击，会损伤枝叶或蕾铃，直接或间接引起蕾铃脱落。

（三）保蕾保铃的途径

棉花蕾铃脱落的原因是多方面的，必须采取综合栽培措施，处理好棉花生育过程中的营养生长与生殖生长、个体与群体、棉花正常生长与自然灾害之间的矛盾，解决好有机营养的合成、运输与分配，以满足蕾铃发育的需要，减少蕾铃脱落。

（1）改善肥水条件。肥水供应不足的瘠薄棉田，植株生长受抑制，容易早衰。增肥、增水可显著减少蕾铃脱落。

（2）调节好营养生长与生殖生长的关系。对棉株容易徒长的肥沃棉田，通过肥水、中耕、整枝和使用生长调剂等综合栽培措施，协调好营养生长与生殖生长的关系，使有机养分分配合理，减少蕾铃脱落。

（3）合理密植，改善棉田光照条件。通过建立合理的群体结构，减少荫蔽改善田间光照条件、提高光能利用率，从而减少蕾铃脱落。

（4）加强病虫害的综合防治，把病虫害所引起的蕾铃脱落减少到最低限度。

第二节 棉花播种技术

一、播前准备

(一) 深耕整地

棉花对土壤要求不严格，但以富含有机质，质地疏松，保肥保水能力强，通透性良好，土层深厚的沙壤土为宜。黏土地"发老不发小"，应注意前期保苗和防止中后期旺长；沙土地"发小不发老"，要注意防止后期早衰。

棉花是深根作物，深耕的增产效果十分显著。据试验，深耕 20~33cm 比浅耕 10~17cm 增产皮棉 6.5%~18.3%。深耕结合增施有机肥料，能熟化土壤和提高土壤肥力，使耕层疏松透气，促进根系发展，扩大对肥、水的吸收范围；改善土壤结构，增强保水、保肥能力和通透性；加速土壤盐分淋洗，改良盐碱地；减轻棉田杂草和病虫害。

土壤耕翻以前作收获后进行效果最佳。冬前未深耕的可在土壤解冻后春耕，耕后要及时耙耱保墒。深耕应结合增施有机肥，使土壤和肥料充分混合，以加速土壤熟化。应高产棉田的耕地深度以 30cm 左右为宜。

棉花子叶肥大，顶土出苗困难。棉田整地质量好坏，直接影响着棉花的发芽和出苗。在深耕基础上平整土地，耙耱保墒，达到地平土细、上虚下实、底墒足、表墒好，是一播全苗、培育壮苗的基础。

黄淮棉区多以套种为主，土壤耕翻应在前茬作物播种 (秋种) 前进行深耕，为棉花生长创造良好的土壤条件。

(二) 肥料准备

1. 棉花的需肥规律

(1) 营养元素对棉花生育的影响。棉花正常生长发育需要各种大量元素和微量元素，属全营养类型。其中碳、氢、氧占棉株重的 95%，氮约占 1.6%、磷占 0.6%、钾占 1.4%。另外，还有钙、硅、铝、镁、钠、氯、铁等含量较多的元素及锰、镉、铜、锌、钼等微量元素。

氮是构成细胞原生质的主要成分，也是合成叶绿素、多种纤维及核酸不可缺少的重要成分，对棉株的形态建成、干物质积累及产量形成有着很大影响。

磷是构成细胞核的必要成分，对碳水化合物的合成、分解和运转具有重要作用。

钾素参与光合作用中碳水化合物合成和移动的生理过程，能促进疏导组织和机械组织的正常发育，增强棉株抗病、抗倒伏能力，提高纤维品质。

微量元素在棉花生育中也起着重要作用。如硼可促进糖的合成和运输，保证花粉形成和受精作用正常进行，从而提高棉花的产量和品质。

（2）棉花不同生育时期的需肥特点。棉花从出苗到成熟，历经苗期、蕾期、花铃期和吐絮期 4 个时期，每个生育时期都有其生长中心。由于各生育期的生长中心不同，其养分的吸收、积累特点也不相同。

苗期以根系生长为中心，此时气温低，生长缓慢，棉株小，需求养分少。据李俊义、刘荣荣等（1985）对不同产量水平（940.5~1 416 kg/hm^2）棉花的测定，此期吸收的 N、P_2O_5、K_2O 的数量分别占一生总量的 4.5%、3.0%~3.4%、3.7%~4.1%；棉株对各种养分的吸收强度也是各生育期最低的。苗期需肥虽少，但对肥料却十分敏感，棉花对磷、钾需求的临界期均出现在 2~3 叶期。

现蕾以后，植株生长加快，根系也迅速扩大，吸肥能力显著增加，吸收的 N、P_2O_5、K_2O 分别占总量的 27.8%~30.4%、25.3%~28.7%、28.3%~31.6%；吸收氮、磷、钾的强度也明显高于苗期。现蕾初期是棉花氮素营养临界期。

花铃期是棉花一生中生长最快的时期，也是形成产量的关键时期。棉株吸收的 N、P_2O_5、K_2O 分别占一生总量的 59.8%~62.4%、64.4%~67.1%、61.6%~63.2%，吸收强度和比例均达到高峰，是棉花养分的最大效率期（盛花始铃期）和需肥最多的时期。

吐絮以后，棉株对养分的吸收和需求减弱，养分吸收的数量和强度明显减少，吸收 N、P_2O_5、K_2O 的数量分别占一生总量 2.7%~7.8%、1.1%~6.9%、1.2%~6.3%。

另据研究，产量较低棉田、早熟品种、地膜棉和移栽棉比高产棉田、中晚熟品种、露地直播棉养分吸收高峰有所提前。

（3）棉花的产量水平与需肥量。棉花产量不同，需要的氮、磷、钾数量也不相同。据李俊义、刘荣荣等（1985）实验，一般每生产 100kg 皮棉，吸收纯 N 12~18kg，P_2O_5 4~5kg，K_2O 10~12kg；随产量提高需肥量也增加，但产量增长与需肥量增加之间不成正比。在一定范围内，产量水平越高，每千克养分生产的皮棉越多，效益越高。

2. 基肥施用技术

棉花生育期长，根系分布深而广，需肥量大，为满足棉花全生育期在不同土层吸收养分的要求，除棉田浅层要有一定的肥力外，耕层深层也应保持较高的肥力，因此，必须施足基肥。基肥以有机肥为主，配合适量的磷、钾等肥；结合深耕，多种肥料混合施用，使之相互促进，提高肥效；肥效发挥平稳，前后期都有作用。肥料较少时，要集中条施。

高产棉田一般要求每公顷施优质圈肥 3.0 万~6.0 万 kg，纯 N 105~127.5kg，P_2O_5 120kg，缺钾土壤施 K_2O 75~112.5kg（盐碱地不能施用氯化钾）。缺硼、缺锌的地区或棉田，可施硼砂 7.5~15kg，硫酸锌 15~30kg。

基肥最好结合秋冬耕施入土壤，以利于肥料腐熟分解，提高肥效，春季施肥则越早越好。作基肥用的磷、钾肥，应和有机肥同时施用。基肥中的氮肥，可在播种前随浅串或旋耕施下。

(三) 底墒水准备

1. 棉花的需水规律

棉花主根入土深，根群发达，是比较耐旱的作物。但由于棉花生育期长，叶面积较大，生育旺盛期正值高温季节，所以棉花也是需水较多需补充灌溉的作物。

棉花的需水量一般随着产量的增加而相应增加，但不成比例。据河北省灌溉研究所研究，单产皮棉为 750kg/hm² 的棉田总耗水量为 4 500~6 000m³，单产皮棉为 1 500kg/hm² 的棉田总耗水量为 6 750m³ 左右。

棉花不同生育时期对水分的需求不同，总趋势与棉花的生长发育速度相一致。

播种到出苗期间，需水量不大。一般土壤水分为田间最大持水量的 70% 左右时，发芽率高，出苗快。盐碱地棉田，在含盐量不超过 0.25%~0.3% 的范围内，土壤含盐量越高，棉籽发芽出苗所需的土壤水分越高。

苗期需水较少，占总需水量的 10%~15%，此期根系生长快，茎、叶生长较慢，抗旱能力强，适宜的土壤相对含水量为 60%~70%。幼苗期适当干旱，有利于根系深扎和蹲苗，促进壮苗早发。

棉株现蕾后，生长转快，耗水量逐渐增多，对水分反应敏感，10~60cm 土层的含水量以 60%~70% 为宜。低于 55% 或高于 80% 均会妨碍棉株的正常生育，影响增蕾保蕾。

花铃期是棉花需水最多（约占总耗水量的一半）的时期，对水分需求很敏感。此期 10~80cm 土层的含水量以保持田间最大持水量的 70%~80% 为宜。此期土壤缺水，会造成棉株生理代谢受阻，引起蕾铃大量脱落；土壤水分过多，也会阻碍根系的吸收和呼吸作用，甚至会引起烂根烂株，增加蕾铃脱落和烂铃，降低产量和品质。

吐絮期的需水量显著减少，耗水量占总耗水量的 15%~

20%。土壤干旱会引起棉株早衰，影响秋桃产量；水分过多会造成贪青晚熟，增加烂桃。土壤水分以田间最大持水量的55%~70%为宜。

2. 底墒水准备

浇足底墒水，是保证棉花适时播种，一播全苗的重要措施。同时，蓄足底墒，可以推迟棉花生育期第一次灌水，实现壮苗早发，生长稳健。

播前储备灌溉以秋（冬）灌为最好。秋（冬）灌不仅可以提供充足的土壤底墒，还可改良土壤结构，减轻越冬病虫害，避免春灌降低地温。秋（冬）灌以土壤封冻前 10~15 天开始至封冻结束为宜，灌水定额为 1 200 m^3/hm^2。

未进行秋（冬）灌或播前土壤墒情不足，可于耕地前 5~7 天进行春灌，灌水量为 750~900m^3/hm^2；根据土壤情况及灌溉时间，水量可适当增减。耕后注意耙耱保墒。

（四）种子准备

1. 选用良种

根据当地的气候、土壤及生产条件，因地制宜地选用产量高、纤维品质优良的品种。在黄河流域中熟棉区，要选择前期生长势较强、中期发育较稳健、中上部成铃潜力大、株型较紧凑、铃重稳定、衣分高、中熟的优质高产品种；夏套棉可选高产、优质、抗病、株型紧凑的短季棉品种。北部特早熟棉区，要选用生育期短的中早熟或早熟品种。

目前，棉花枯、黄萎病蔓延迅速，危害日趋严重，成为影响棉花产量的一大障碍因素，所以，生产上一定要选择抗病（或耐病）性强的品种，以减轻枯、黄萎病的危害。北方地区主栽和主推优良棉花品种见表3-1。

表 3-1　优良棉花品种

品种名称	特征特性
鲁 H968	生育期 129d，单铃重 6.4g，籽指 11g，衣分 41%；株型呈松散塔形，结铃集中，吐絮畅，霜前花率高；高抗棉铃虫，抗旱耐涝，高抗枯萎病、高耐黄萎病；生长迅速，疯杈少，赘芽少、弱，易管理；适于山东、河北、河南、安徽、江苏等省份种植
太空棉 1 号	生育期 128d，单铃重 10 ~ 13g，籽指 11g 左右，衣分 40.8% ~ 42.1%，株型呈松散塔形，结铃性强，上中下分布均匀，吐絮畅，霜前花率高；高抗棉铃虫，抗枯萎、耐黄萎病；赘芽少、弱，易管理；适于黄河流域和长江流域中上等地力棉田春套或春直播种植
大铃棉 1268	早熟，单铃重 8g，衣分 41.8%；结铃均匀，蕾铃脱落少，后期不早衰；抗棉铃虫、红铃虫、盲椿象，抗枯萎、耐黄萎病；适于黄淮、华北、长江流域和新疆棉区种植
中棉所 60	生育期 123d，单铃重 5.9g，吐絮畅，霜前花率高；高抗棉铃虫、红铃虫等鳞翅目害虫，高抗枯萎、耐黄萎病；适于河北省中南部等棉区春播种植
农大棉 9 号	生育期 125d 左右，株高 92cm，第一果枝节位 6.9 节，铃重 6.3g，籽指 10.3g，衣分 40.6%，霜前花率高；抗棉铃虫、红铃虫，等鳞翅目害虫，高抗枯萎病、耐黄萎病；适于河北省中南部棉区春播种植
奥棉 16	生育期 120d，株高 108.4cm，第一果枝节位 6.3 节，铃重 6.3g，籽指 10.8g，衣分 43.6%；植株塔形，结铃性强，吐絮畅，易采摘，霜前花率高；高抗枯萎耐黄萎病；适于河南棉区春直播或麦棉套作种植
中棉所 84	生育期 107d，株高 76.6cm，第一果枝节位 6.1 节，铃重 5.5g，籽指 10.9g，衣分 40.2%；植株塔形，结铃性较强，吐絮畅，霜前花率高；高抗枯萎、耐黄萎病；适于河南棉区夏播种植
新桑塔 6 号	生育期 139d，株高 67.3cm，Ⅱ式果枝，第一果枝节位 5.0 节，单株结铃 6.9 个，铃重 5.6g，籽指 10.9g，衣分 41.30%；植株塔形，霜前花率高；抗棉铃虫，耐枯萎病，感黄萎病；适于西北内陆早中熟棉区种植
新陆中 51 号	生育期 139d，株高 67.0cm，Ⅱ式果枝，第一果枝节位 5.2 节，单株结铃 6.4 个，铃重 6.1g，籽指 11.7g，衣分 42.4%；植株塔形，霜前花率高；耐枯、黄萎病；适于西北内陆早中熟棉区种植
新陆早 51 号	生育期 128d，株高 71.0cm，Ⅰ式分枝，第一果枝节位 5.4 节，单株结铃 6.7 个，铃重 5.5g，籽指 12.1g，衣分 38.7%；植株塔形，霜前花率高；抗枯萎病，耐黄萎病；适于新疆早熟棉区种植

2. 种子精选、测定种子发芽率和晒种

（1）种子精选。充实饱满的种子是全苗、壮苗的先决条件。自己选留种子，要选留棉株中部且靠近主茎的、吐絮好、无病虫害的霜前花作种。乳花后进行粒选，去除破籽、虫籽、秕籽、异形籽、绿籽、光籽、稀毛籽、多毛大白籽等劣籽和退化籽，留下成熟饱满、符合本品种特性的正常棉籽作种。经过粒选的种子，品种纯度可达到95%以上，发芽率在90%以上。播种前结合浸种，再进行一次粒选，除去黄皮嫩籽。

（2）测定种子发芽率。棉籽发芽势和发芽率决定着出苗的多少、好坏、快慢和播种量的多少。测定棉籽发芽率的方法如下。

取浸泡吸足水分（55～60℃的温水浸泡0.5h或冷水浸泡24h）的棉籽100～200粒，轻轻插入装有湿沙的培养皿或碗碟内，盖一层细沙或湿布，置于热炕或温箱内，保持25～30℃，第3天发芽的百分数为发芽势，第9天发芽的百分数为发芽率。发芽标准为：棉花胚根的长度等于种子长度。也可将吸胀后完整的棉仁浸泡在5%～10%红墨水（含苯胺）中1～2min，捞出洗净，观察染色程度。未染色的表示生活力强，有斑点的生活力差，全染色的说明已丧失生活力。

（3）晒种。晒种可促进种子后熟，加速水分和氧气的吸收，提高种子的发芽率，并有杀菌和减轻病害的作用。播前15天左右，选择晴天连晒4～5天，晒到手摇种子发响时为止。晒种时，要薄摊、勤翻，使种子受热均匀，禁止在水泥地或石板上晒种，以免种子失水过多而形成硬籽。

3. 种子处理

（1）硫酸脱绒。硫酸脱绒可以杀灭种皮外的病菌，控制枯、黄萎病的传播，并有利于种子精选，提高发芽率；便于机械精量播种，节约用种和减少间、定苗用工；利于种子吸水，出苗早。以100kg棉籽加110～120℃的粗硫酸（比重1.8左右）15kg

左右的比例，边倒边搅拌，至短绒全部溶解，种壳变黑、发亮为止，捞出后以清水反复冲洗，至水色不黄、无酸味，摊开晾干备用。

（2）浸种。毛籽应浸种和药剂拌种。

①温汤浸种。可杀死种子上的病菌，促使种子吸水，提早发芽。将棉籽倒入相当于种子重量的 2.5~3 倍温水中（3 份开水 1 份凉水），上下搅拌均匀，保持水温 55~60℃ 30min，加入凉水降温至 40℃ 以下，继续浸种 8~12h，待种皮软化子叶分层时，捞出摊晾至短绒发白时催芽。该方法除具有杀菌催芽作用外，对防治棉花炭疽病也有一定效果。

也可在室温下用凉水浸种，浸种时间依浸种的水温而定。

②多菌灵浸种。多菌灵浸种可杀死种子上所带的病菌及播后种子周围土壤中的病菌。每 100kg 种子，用 40% 多菌灵胶悬剂 1kg，加水 200kg，浸泡 24h，捞出晾干备用。

③DPC 浸种。对于地膜棉、麦套夏棉等苗、蕾期易旺长的棉花，用 DPC 溶液浸种对促根壮苗，增强棉花的抗逆性具有良好的作用。可与药剂、硼、锰、钼微肥浸种相结合。

（3）药剂拌种。棉籽浸种后用 0.5% 的多菌灵、甲（乙）基托布津、呋喃丹等药剂拌种，可防治苗期病害、虫害。

（4）种子包衣处理。种衣剂是将杀虫剂、杀菌剂、复合肥料、微量元素、植物生长调节剂和缓释剂等，经过特殊加工工艺制成的药肥复合剂。

随种子的萌发生长，包衣内的药、肥可被根系吸收，在一定生长期（45~60 天）内，能为棉株提供充足的养分和药物保护，起到防病、治虫、保苗的作用。据试验，种衣剂包衣比用呋喃丹拌种增产 8.9%。

包衣种子在使用时应注意几个问题。

①播种前不能浸种，不能与其他农药和化肥混合，以免发生毒性和化学变化，造成药害。

②包衣种子不耐储藏，应当年包衣，当年播种。

③包衣种子有毒，不可榨油或做饲料。

二、播种

（一）播种时期

棉花适时播种是实现一播全苗，壮苗早发，提高产量与品质的重要措施。播种过早，温度低，出苗慢，种子容易感染病害，造成烂种、烂芽、病苗、死苗，出苗后遭遇晚霜冻害，影响全苗和壮苗。播种过晚，虽然出苗快，易全苗，但棉脚高迟发，结铃晚，缩短有效结铃期，晚熟减产、品质差。

"终霜前播种，终霜后出苗"是棉花播种原则，地膜覆盖棉田出苗快，应尤为注意。

棉花的适宜播种期，应根据当地的温度、终霜期、短期天气预报、墒情、土质等条件来确定。在土壤水分等条件适宜的情况下，一般以5cm地温稳定通过14℃或20cm地温达到15.5℃时播种为宜。

在同一地区，播种的先后顺序要根据具体情况而定，沙性土、向阳地先播；黏性地、低洼潮湿地后播；盐碱地适当晚播，一般在5cm地温稳定在16~17℃时播种。黄河流域棉区以4月15—25日播种为宜；新疆北疆棉区一般在4月10—20日，南疆棉区以4月5—15日播种为宜。

（二）合理密植及播种量

1. 合理密植

（1）种植密度。确定棉花的种植密度要综合考虑气候条件、土壤肥力、品种特性及栽培制度等因素。

①气候条件。棉花生长季节气温高、无霜期较长的地区，棉株生长较快，植株高大，宜适当稀植；气候温凉、无霜期较短的地区，宜适当密植。

②土壤肥力。土壤肥力高的棉田，棉株生长旺盛，植株高大，叶片大，果枝多，易造成棉田郁闭，加重中下部蕾铃脱落；

土壤肥力低的棉田，棉株生长较矮小，田间郁闭的可能性小。因而在同样的气候条件下，肥田应比瘦田密度小。

③品种特性。生育期长，植株高大，株型松散，果枝长，叶片大的品种密度宜低；植株矮小，叶片小，株型紧凑，果枝短的早熟品种密度宜高。

④栽培制度。粮棉或其他两熟制栽培的棉花，因受前茬作物的影响，一般播种期推迟，单株营养体较小，成熟期延迟，种植密度应较一熟棉田适当增加。

此外，棉田管理水平高，棉花早发稳长，密度可大些；反之应小些。

我国棉花种植密度，一般是北方高于南方，西部高于东部。综合多单位试验结果，黄河流域棉区春棉高产田的适宜密度为 4.5 万~6.0 万株/hm^2，夏棉为 7.5 万~12.0 万株/hm^2；西北内陆棉区种植密度为 15.0 万~21.0 万株/hm^2。地膜棉在相应的基础上要降低 15%~20%。

棉花株高是综合条件的集中反映，因此，根据上年棉花株高也可以确定密度。河北棉区经验，一般株高 100~120cm，留苗 4.5 万~5.25 万株/hm^2；株高 80~100cm，留苗 5.25 万~6.0 万株/hm^2；株高 70~80cm，留苗 6.0 万~6.75 万株/hm^2；株高 70cm 以下，留苗 9.0 万株/hm^2 以上。

确定棉花种植密度，要坚持因时、因地制宜的原则，合理密度是相对的，要随生产条件的改变、品种的更新、管理技术的提高，不断加以调整，以便更好地发挥合理密植的增产作用。

（2）行株距的合理配置。合理配置行株距，能使棉株在田间分布合理，保持较好的通风透光条件，减小群体与个体的矛盾，便于田间管理。确定行株距，一般以带大桃搭叶封行为标准。目前普遍采用的配置方式主要有等行距和宽窄行两种。等行距有利于棉株平衡发育，结桃均匀，防倒能力强；行距大小因土壤肥力而异，高产田行距一般为 60~80cm；中等肥力 50~60cm；旱薄地 40cm 左右。宽窄行，能推迟封垄时间，从而改善通风透光条件，有利于中下部结铃，减少脱落；一般高产田的宽行 80~90cm，窄行 50cm 左右；中等肥力棉田宽行为 60~80cm，窄行 40cm 左右。株距大小可按计划密度折算。

2. 播种量

播种量要根据播种方法、种子质量、留苗密度、土壤质地和气候等情况而定。

播量过少难于保证密度，影响产量；过多不但浪费棉种，还会造成棉苗拥挤，易形成高脚苗，增加间苗用工等。一般条播要求每米播种行内有棉籽 30~40 粒，每公顷用种 60~70kg；点播每穴 3~4 粒，每公顷用种 30~40kg。在种子发芽率低、土壤墒情差、土质黏或盐碱地、地下害虫严重时应酌情增加播种量。环境适宜的条件下，采用精量播种或人工点播，每公顷仅用种 15~22kg。

播种量可按下式计算：

每公顷播种里（kg）= 每公顷计划密度×每穴粒数×千粒棉籽重量（g）×发芽率

（三）播种

1. 播种方式

播种方式分条播和点播两种。条播易控制深度，出苗较整齐，易保证计划密度，田间管理方便，但株距不易一致，且用种量较多，现生产中已很少应用。点播用种节约，株距一致，幼苗顶土力强，间苗方便，但对整地质量要求高，播种深度不易掌握，易因病、虫、旱、涝害而缺苗，难以保证密度。采用机械条播或精量点播机播种，能将开沟、下种、覆土、镇压等作业一次完成，保墒好、工效高、质量好，有利于一播全苗。

土壤墒情不好，可采用抗旱播种方法。

无论采用何种播种方法，都要在行间或地边播种部分预备苗，以备移苗补缺。

2. 施用种肥

在土壤贫瘠，施肥水平较低，基肥不足或腐熟程度较差的情况下，施用种肥有较显著的增产效果；盐碱地施用腐熟有机肥作种肥还有防盐、保苗作用。

种肥宜选用高度腐熟的有机肥和速效性化肥以及细菌肥料。氮肥以硫酸铵较为适宜，磷肥宜选用过磷酸钙。种肥用量不宜过大，一般施硫酸铵 37.5 ~ 75kg/hm^2，过磷酸钙 75 ~ 120kg/hm^2。集中条施或穴施于播种沟（穴）下或一侧，深度以 6 ~ 8cm 为宜。

3. 播种深度及播后镇压

棉花有"头大脖子软，顶土费劲出土难"的特点，因此，播深的掌握是确保全苗、壮苗的关键。

播种过深，温度低，氧气少，发芽、出苗慢，顶土困难，消耗养分多，幼苗瘦弱，甚至引起烂籽、烂芽；播种过浅，种子易落干，造成缺苗断垄，或带壳出土，影响壮苗。一般播深以 3~4cm 为宜。

播深要根据情况灵活掌握，墒情好，土质黏，盐碱地，可适当浅些；反之可适当深些。

播后要及时镇压，使种子与土壤密接，利于种子吸水和发芽、出苗。

（四）播后管理

播种后，常会遇到低温、阴雨、干旱和病虫等不良环境条件的影响而造成出苗不全。因此，要做好棉花播种后至出苗阶段的管理，确保一播全苗。

播种后，要及时检查有无漏播、漏盖和烂种等情况。如有漏播、漏盖，应催芽补种和盖土；有落干危险时，底墒较好的可镇压提墒；底墒较差的，可立即采用在播种沟旁开沟浇水，促使棉籽发芽出苗。有轻度烂种或烂芽，应催芽补种，严重的要立即重种。

播种后遇雨，应顺播种行中耕松土，破除土壤板结，促进空气流通，增温保墒，使种子迅速发芽出苗；否则会烂种、烂芽，轻则缺苗断垄，重则造成毁种。

第三节　棉花育苗移栽技术

育苗移栽是棉花增产和提高品质的一项实用先进技术，一般较直播棉花增产 20%，可纺棉比例提高 20 个百分点，全国常年应用面积已达 300 余万 hm^2，约占全国面积的 50%。

移栽棉花的生育特点：第一，移栽棉花早发，现蕾早、结铃早，前期铃多。第二，移栽时，棉苗主根受损伤，根系入土浅，侧根强大，大部分根系分布在肥沃的耕层。第三，移栽棉花生育前期生长旺盛，后期不耐旱，易脱肥、缺水早衰。

一、传统育苗技术

（一）建床、制钵

（1）育苗方式。棉花传统育苗方式分营养钵育苗和营养块育苗。营养钵育苗是先用打钵器制钵（一般直径 5.5~6.0cm，高 7.0~8.0cm），再在钵内播种育苗；此方式移栽不散钵，断根少，缓苗期短，成活率高，但较费工。营养块育苗则是在苗床划分方格，格内播种育苗，按格切块取苗移栽；此方式操作简便、费工少、易育壮苗，但起苗、运苗困难，易散块，缓苗期长，成活率低。

（2）苗床要求。选择避风向阳、无盐碱、排灌方便、离移栽大田近的地方建床。苗床与大田的比例为 1:（15~20）。床长 15~20 m，床宽 1.2m 左右（依膜宽而定），床深 15~20cm，要求底平壁直，周围挖排水沟。

（3）配制床土。就地取棉田表土，掺入腐熟过筛的厩肥作床土。肥土按（2~3）：（7~8）的比例拌匀，并加入少许过磷酸钙（$100g/m^2$）、氯化钾（$50g/m^2$）和硫酸锌（$3~5g/m^2$）；加 50%多菌灵可湿性粉剂（$10g/m^2$）或 40%五氯硝基苯（$5g/m^2$）

进行床土消毒。盐离子含量超过 0.2% 的盐碱土不能做床土。

（4）制钵。制钵前 1 天将床土加适量水调匀（手紧握成团，齐胸落地散开）；第 2 天制钵。钵面要高低一致，排列紧密，钵缝填好土，浇足水待播。若营养块育苗，则把制好的床土填入苗床，耙平敦实后浇水，打洞播种或划格待播。

（二）播种

春棉育苗宜早且选用长势较强的中熟品种，在 3 月底育苗；麦套春棉，采用中早熟品种，4 月初育苗；夏棉品种则在 4 月底 5 月初育苗。每钵 1~2 粒棉种，播种后覆土 1.0~1.5cm，采用弓架覆膜或铺膜。

（三）苗床管理

棉花齐苗后要及时间苗、拔草，并逐步通风炼苗，通风口大小和通风时间根据苗床湿度和温度而定，维持苗床温度在 25~30℃，中午高温不超过 35℃。4 月中旬以后，白天揭膜，下午或傍晚盖膜，移栽前 5~6 天要昼夜揭膜炼苗。出真叶前及移栽前 10 天搬钵两次，散湿、并拉断主根蹲苗。齐苗后选晴天用 1 000 倍多菌灵药液喷棉茎，每 10 天 1 次，防治立枯病；用半量式波尔多液（0.5kg 硫酸铜 + 0.5kg 生石灰 + 100kg 水）喷子叶，防治炭疽病。另外，注意防治棉苗蚜虫和棉蓟马的为害，棉苗过旺时，喷 10~15mg/kg 的 DPC 或采用揭膜晒床等措施来调控。移栽前 5~7 天，施 0.5% 的尿素液。

（四）移栽

温度条件是棉苗能否长出新根的主要因素。一般移栽期气温要在 15℃ 以上，5cm 地温稳定在 17℃ 以上。移栽适宜苗龄为 2~3 片真叶，苗高 12~15cm，叶色清秀，无病斑，茎粗子叶肥，苗茎红绿各半，健壮敦实。移栽时宜选择晴天。起苗时要轻起、轻运，尽量减少伤根、散钵损失。栽苗时要按计划密度留苗，开沟摆体或挖穴栽钵，钵面低于地面 2cm，覆土至钵体 2/3 处，然后顺沟浇水或穴浇，水量以土壤最大持水量 80% 为度，水下渗后再覆土埋平。中耕松土，由远至近，由浅入深，促进发根缓苗。

（五）移栽后田间管理

栽后要及时查苗补缺。长势弱的棉苗用尿素液加 4 000~6 000倍的"802"液促根提苗。缓苗后遇旱要及时浇透发棵水，适时中耕松土，破除板结，轻施提苗肥（尿素 45~60kg/hm^2），保棉苗发棵稳长。花铃期的肥水管理要适当提早并加大，切忌受旱或脱肥，以防早衰。

二、无土基质育苗，无载体裸苗移栽技术

传统育苗方式存在育苗时间长，移栽季节短，管理烦琐，劳动强度大，移栽成活率低，工业化、机械化作业程度低等缺点。无土育苗由于采用富含营养的育苗基质，在育苗过程中加施促根剂和保叶剂，苗床无烂籽、烂芽，所育棉苗具有无苗病，原生根量大，新根出生快，取苗容易，运苗轻便，移栽简便，栽后缓苗快，移栽成活率高，棉株根系发达，中下部茎粗节密，抗倒伏、防早衰等优点，可以充分实现省种、省地、省时、省力和省工。

（一）建床

床址选择同营养钵育苗，苗床与大田的比例为1：（40~80）。苗床长方形，深 15cm，床宽依膜而定，床长依大田面积而定，底部铺塑料膜防渗，上铺 10cm 厚无土育苗基质，浇足水（以手握成团不渗水为准）待播。

无土育苗基质由母体型基质与干净河沙（含水量不超过5%）按1：（8~9）（重量比）或 1：1（体积比）均匀混合而成。

（二）播种

播种时间同营养钵育苗。按行距 10cm，株距 3cm 的密度穴播，每穴 1 粒，播深 2~3cm，用基质覆盖，轻镇压，抹平床面，

覆盖农膜，并搭好拱棚。

（三）苗床管理

棉苗子叶平展至一叶一心时，在行间均匀浇灌（忌喷施）100 倍促根剂稀释液一次，用量为 $1.5 \sim 2.0\ \text{L/m}^2$。

其他如间苗、温度、水分及病、虫、草害等管理同营养钵育苗。

（四）移栽

移栽前 2~4 天喷适量"送苗水"，并叶面喷施 10~15 倍保叶剂，以减少叶面蒸腾造成棉苗萎蔫，提高成苗率。起苗后，将棉苗根部在 100 倍促根剂稀释液浸泡 10~15min。按计划留苗密度，开沟或挖穴（深度 10~12cm），放苗入穴（沟），深度为苗高一半，扶正后周围壅土覆土，并轻轻挤压。栽后浇足"安家水"，底墒不足浇 2~3 次。

（五）移栽后田间管理

栽后要及时查苗补缺。长出第一片新叶时施 75kg·hm^2 的尿素或叶面喷施 1%~2% 的尿素+0.1% 的磷酸二氢钾溶液提苗。未地膜覆盖棉田及时中耕除草，防止土壤板结，促进棉苗发根和生长。

（六）注意事项

（1）无土育苗基质不能添加土壤，要按规定适当补充肥料。

（2）如果苗龄超过四片真叶仍不能按时移栽，要进行"假植"，减慢生长。方法是，在苗床一头用手拨开基质，起出苗，制好床，以 5cm 株距复栽于棉床，补少量水肥。

（3）为了节省成本，将用过的基质晾干后装入袋中，或放入石砖砌置的小池中，翌年加入 1/3 的母体型基质，适当补充营养，充分混合继续使用。

此种育苗方式是近几年中国农业科学院棉花研究所研发的新技术，可结合工厂化育苗，机械化移栽，实现棉花栽培的"两无两化"。

第四节　棉花田间管理技术

种好是基础，管好是关键。棉田管理的中心任务是：根据棉花各生育时期的生育特点，运用看苗诊断技术，实行因苗管理，促控结合，协调好棉花生长发育与外界环境条件、地下部与地上部、个体与群体等之间的关系，满足棉花正常生长发育所需的温、光、肥、水、气等条件，使棉花沿着早发稳长，早熟不早衰的生育进程发展，力争少脱落，多结铃，结大铃，达到高产、优质、低成本的目的。

一、查田补苗

棉花显行后及时逐行检查。缺苗较多，应立即催芽补种；缺苗较少，进行芽苗移栽。选择气温在 18~26℃ 的晴天，就地取苗后置于水盆（防风干），将棉苗放入深 6cm，宽 3cm 左右的土窝，用少量土把苗基部围住，浇少量水，待水下渗 1/3 左右时，轻轻覆土，覆土时勿按压，以防形成泥块影响成活。如补苗时间较晚，或盐碱地棉苗移栽，应采用带土移栽的方法，尽量多带土，适量多浇水。

二、间苗、定苗

棉苗出齐后要及早间苗，以互不搭叶为标准，留壮苗，去除弱、病、杂苗。定苗一般在两叶一心，茎秆开始木质化时进行。定苗要根据留苗密度，死尺活定。

三、中耕松土

中耕可疏松土壤，破除板结，疏通空气，提高地温，调节土壤水分，消灭杂草，增强土壤微生物的活动，加速养分分解，从而促进根系发育，利于壮苗早发。

1. 苗期中耕

根据气候、土质、墒情等情况，棉花苗期一般中耕 2~3 次。中耕深度由浅至深，行间逐渐加深到 10cm 左右，株间逐渐加深至 4~5cm。天旱墒差时要适当浅锄。苗期地温低，苗病发生严重时，应及时在株间扒窝晾墒，防止病害蔓延，促使病苗恢复生长。盐碱地棉田苗期应深锄 10cm 以上，促使根系深扎，下小雨后不易使土壤表层积聚的盐分淋溶到根部，可显著减轻小雨后死苗。

2. 蕾期中耕

蕾期是棉花根系发育的重要时期，勤中耕、深中耕可以促进根系下扎，增强棉株的吸收能力和抗旱、抗倒伏能力，保证棉花发棵稳长。对有徒长趋势的棉田，深中耕可切断部分侧根，起到控制徒长的作用。中耕要逐渐加深，在盛蕾阶段，行间中耕深度可达 10cm 以上，株旁和株间达到 5~6cm。对于旱薄地棉田，主要是勤、细中耕保墒，不要中耕太深。中耕次数，以保持土不板结，无杂草为标准。

盛蕾期至花期结束，应结合中耕分次进行培土，培土高度13~14cm。

3. 花铃期中耕

花铃期正值高温多雨季节，土壤水分过多，空气减少，影响根系的呼吸作用，降低根系吸收肥水能力，甚至会造成棉株生理干旱，引起蕾铃大量脱落。因此，花铃期一定要做好中耕松土工作。由于花铃期棉株在近地面处滋生大量毛根，并且再生能力减少，所以中耕宜浅，以不超过 6cm 为宜，避免伤根过多，造成早衰。

四、生育期施肥

追肥应掌握"轻施苗肥，稳施蕾肥，重施花铃肥，补施盖顶肥"的原则。

1. 苗肥

在基肥用量不足时，尤其是低、中产棉田，应重视苗肥的施用，以促根系发育、壮苗早发；一般施标准氮肥 45~75kg/hm^2，基肥未施磷、钾肥的，适量施用磷、钾肥。基肥用量足的高产棉田，一般不施苗肥。

2. 蕾肥

棉花蕾期施肥讲究稳施、巧施，既可满足棉花发棵、搭丰产架子的需要，又可防止因施肥不当而造成棉株徒长。地力好、基肥足、长势偏旺的棉田，在初花期施肥；水肥充足，生长稳健的高产棉田，在盛蕾至初花期施用 $75 \sim 120 kg/hm^2$ 标准氮肥；地力差，基肥不足，棉苗长势弱的棉田，要在现蕾初期重施，一般施标准氮肥 $180 \sim 225 kg/hm^2$。施肥深度掌握在 10cm 以下，距苗 $12 \sim 15cm$。

3. 花铃肥

花铃期是棉株生育旺盛时期，也是决定产量、品质的关键时期。该期大量开花形成优质有效棉铃，是一生中需要养分最多的时期，因而要重施花铃肥。

施肥数量和时间，要根据天气、土壤肥力和棉株长势长相而定。长势强的棉田，应在盛花期棉株基部坐住 1~2 个成铃时施用；土壤肥力一般、天旱墒情差和长势弱的棉田，花铃肥要初花期施用，做到"花施铃用"；移栽棉花、早熟品种、易早衰品种及密度大的棉田，也要适当早施，以防早衰减产。

一般情况下，花铃肥用量占总追肥量的 50%~60%，施标准氮肥 $225 \sim 300 kg/hm^2$；高产田可增至 $450 kg/hm^2$。施肥深度 6~9cm，距棉株 15cm。

4. 盖顶肥

盖顶肥能防止棉株后期脱肥早衰，多结早秋桃，提高铃重和衣分。

地力充足，生长有后劲及盐碱地棉田，要少施或不施，以防贪青晚熟；地力差、有脱肥早衰趋势棉田，要早施、多施盖顶肥。盖顶肥的施用时间一般在立秋前后，标准氮肥用量为 $75 \sim 120 kg/hm^2$。

5. 叶面肥

8 月中旬至 9 月上旬，对有早衰趋势的棉田可喷施 1%~2% 的尿素水溶液；长势一般、偏旺棉田，可根据长势喷 2%~3% 的过磷酸钙浸出液或 300~500 倍的磷酸二氢钾、磷酸二铵溶液 1~3 次，每次 900~1 000kg/hm²，对提高结铃率，增加铃重有一定效果。

五、生育期灌溉

棉花生育期间灌水要根据不同生育时期的长势长相，结合天气、土壤等情况综合考虑。

正常棉花苗期的红茎比约为 1/2，蕾期为 2/3，初花期为 70% 左右，盛花期后接近 90%，超出此标准，说明棉田缺水；苗期主茎平均日增长量以 0.3~0.5cm 为宜，初蕾期为 0.5~1.0cm，盛蕾期为 1.5~2.0cm，初花期为 2.0~2.5cm，盛花期以后降至 0.5~1.0cm，低于上述指标即可进行灌溉；叶色深绿发暗，顶心随太阳转动能力减弱；顶部第二展叶在中午萎蔫，15~16 时仍不能恢复以及棉花顶尖低于最上部棉蕾也是棉花缺水的标志。

一般棉田在苗期不需灌水，高产棉田尽可能推迟头水，以控制营养生长，促进根系发育和生殖生长，减少蕾铃脱落。

棉田的第一水和最后一水尤为重要。第一水一般在 6 月底；最后一水不宜超过 9 月上旬。除盐碱地棉田外，灌水量一般为 450~675m³/hm²，多采用隔沟轻浇方法，以免水量过大，造成棉花徒长。浇水后要及时中耕松土，促根下扎，增强棉花后期的抗旱能力。棉田积水或湿度过大，会阻碍根系的吸收和呼吸作用，甚至会引起烂根、烂株，增加蕾铃脱落和烂铃，降低产量和品质，因此，雨季还应做好排水防涝工作。

六、棉田整枝

适时整枝，对于调节养分分配，减少蕾铃脱落，改善棉田通风透光条件，减少烂铃，促进早熟，提高产量和品质具有重要的作用。棉花整枝包括去叶枝、打顶尖、打边尖、抹赘芽、打老叶等。生产上主要进行去叶枝、打顶尖等作业。

1. 去叶枝（抹油条）

现蕾初期，将第一果枝以下的叶枝及主茎基部老叶去掉，保留肥健叶，可促进主茎及果枝发育。弱苗、缺苗处或田边地头棉株，可选留 1~2 个叶枝，充分利用空间，增结蕾铃。一般株型松散的中熟品种需要去叶枝，株型紧凑的早熟品种可不去叶枝。

2. 打顶尖

棉花打顶可控制棉株纵向生长，消除顶端优势，调节光合产物的分配方向，增加下部结实器官中养分分配比例，加强同化产物向根系运输，增强根系活力和吸收养分的能力，进而提高成铃率，减轻蕾铃脱落，增加铃重，促进早熟。

打顶时间，要根据棉花的长势、地力、密度和当地初霜期等灵活掌握。群众的经验是"以密定枝，枝够打顶""时到不等枝，枝够不等时"。如每公顷 6 万株左右的棉花，一般单株留 12~14 个果枝。适宜的打顶时间宜在当地初霜前 90 天左右。黄河流域棉区多在 7 月中旬打顶；土质肥沃、棉株长势强、密度小、霜期晚，可推迟到 7 月下旬打顶；土壤瘠薄、棉株长势弱、密度大、霜期早，可提早到 7 月上旬打顶。新疆棉区由于棉花生长后期气温下降快，需靠增加密度、减少单株果枝数争取早熟高产，一般在 7 月 15 日前打顶。在高密度栽培条件下，打顶时间应适当提前，南疆在 7 月 10—15 日，北疆在 7 月 5—10 日。

打顶要打小顶，即摘去顶尖连带一片小叶。棉株生长整齐应一次打顶，反之则分次打。

3. 打边尖（打群尖、打旁心）

打边尖就是打去果枝的顶尖，可控制果枝横向生长，改善田间通风透光条件，调节棉株营养分配，控制无效花蕾，提高成铃率，增加铃重，促进早熟。

打边尖应根据棉株长势、密度和初霜期等情况，本着"节够不等时，时到不等节"的原则，自下而上分期进行。一般棉株的下部果枝可留2~3个果节，中部果枝可留3~4个果节，上部果枝视长势留果节。打边尖最晚应在当地初霜期前70天左右打完。黄河流域棉区打边尖时间一般在8月10—15日前，南疆在8月15日前，北疆在8月5日前。

4. 抹赘芽（抹耳子）

主茎果枝旁和果枝叶腋里滋生出来的芽为赘芽，由先出叶的腋芽发育而来，徒耗养分且影响通风透光，应及时打掉。在多氮肥、墒足及打顶过早时，赘芽发生较多。抹赘芽要做到"芽不过指，枝不过寸，抹小抹了"。

5. 剪空枝、打老叶

"立秋"后的蕾及"白露"前后的花，所形成的铃均为无效铃。因此，"白露"后要及时摘除无效花蕾。对后期长势旺，荫蔽严重的棉田，进行打老叶、剪空枝、空梢及趁墒"推株并垄"等作业，可改善棉田通风透光条件，减少养分消耗，有利于增秋桃，增铃重，促早熟，防烂铃。

七、棉花化学调控技术

（一）DPC调控技术

DPC可延缓主茎节间和果枝节间伸长，抑制后期赘芽、群尖生长；促进根系发育，提高根系活力；抑制叶片的扩展，调节棉叶的生理功能，延缓叶片衰老；促进蕾铃发育，减少脱落，提早结铃，增加铃重的作用。DPC可以明显提高棉花品质，增加霜前花比例并对黄矮病有抑制作用。

1. DPC调控的原则

（1）早控、轻控、勤控。地膜棉、苗期生长势强的品种，在出现2片真叶时进行第一次化控；苗期生长势较弱的品种，在4~5片真叶时进行第一次化控。苗、蕾期棉株日生长量较小，

DPC 用量宜轻；施肥灌水后和花铃期的 DPC 用量应适当加大。一般壮苗棉田头水前可化控 1~2 次，全生育期可化控 3~4 次。

（2）分段化控，定向诱导。苗期化控可促进棉花根系发育，实现壮苗早发；蕾期化控可协调棉株营养生长与生殖生长的关系，保持棉株稳健生长；盛花期化控可控制中后期徒长，促进养分较多输入棉铃，提高成铃强度，减少蕾铃脱落。

（3）化学调控与肥水调控结合。综合运用肥水促控和化学调控措施，有利于培育理想株型和建立合理群体结构。一般在灌水前 3~5 天化控，DPC 见效时灌水，使棉株在土壤肥水足，地上部受 DPC 控制的环境中稳长，营养生长与生殖生长比较协调。DPC 化控后，棉株吸肥能力增强，光合效率提高，吸肥高峰提前，花铃肥宜提早到盛蕾初花期施用。

（4）因地、因苗分类调控。DPC 化控要根据棉花品种特性、土壤肥力、气候情况、棉株发育进程及长势等灵活掌握。一般早熟品种对 DPC 敏感，用量宜轻；中晚熟品种和生长势强的品种用量相应大些；肥力较高，长势偏旺棉田，DPC 用量相应增加；土壤瘠薄和沙性大的棉田，棉株长势差，化控次数要少，用量宜轻。

2. DPC 化学调控技术

（1）播种前浸种。高肥水条件下的地膜覆盖棉田、两熟棉田和营养钵育苗的苗床，可在播前用 100~200mg/kg（脱绒种子）或 200~300mg/kg（未脱绒种子）DPC 浸种 5~8h，至种皮发软，子叶分层。

（2）苗期。播种前没有浸种，易形成高脚旺苗的地膜覆盖棉田和两熟棉田，在墒情足的情况下，一般在棉苗一叶一心至两叶一心时，用 $7.5~15.0g/hm^2$ DPC（水量为 $225~300kg/hm^2$）化控一次。

（3）蕾期。棉花现蕾后，生长逐渐加快，节间开始伸长，一般在现蕾初期以 $7.5~15.0g/hm^2$ 化控一次，盛蕾期可增加到 $15.0~22.5g/hm^2$，水量为 $900~1\ 000kg/hm^2$。

（4）初花期。棉花进入开花期后，生长势较强，必须及时调控，防止营养生长过旺。一般在灌水前 3~5 天或下雨后喷施，每公顷用量 30.0~45.0g，水量 900~1 000kg/hm²。

（5）盛花结铃期。棉花打顶后主茎停止生长，顶部果枝开始伸长。在土壤墒情好的情况下，可在打顶后 1 周左右用 45.0~60.0g/hm² 化控，水量 900~1 000m³/hm²。

3. 喷施 DPC 的临界长势指标及施用量与株高关系

据河北农业大学研究，DPC 具体施用时间与施用量可参考棉株高度、主茎日增长量等指标进行（表 3-2、表 3-3）。

表 3-2 喷施 DPC 的临界长势指标

长势指标	现蕾	盛蕾	开花	盛花
主茎日增长量（cm）	>1	>2.2	>2.5	
绿茎（%）	>1/2	>1/3	>1/3	
主茎高度（cm）	>20	>30	>60	

表 3-3 DPC 施用量与株高的关系

株高（cm）	20	30	40	50	60	70	80
DPC 量（g/hm²）	7.5	15	22.5	30	37.5	45	52.5

上述指标为中等肥力，密度为 4.5 万~6.0 万株/hm² 的施用标准，肥力水平提高，要在此基础上减少 7.5g/hm²。

4. 喷施 DPC 的注意事项

喷施 DPC 宜在上午露水干后或 15 时以后，以傍晚为最好。喷后 6h 如遇雨需减半重喷。DPC 喷施浓度宜轻不宜重，要把握前轻后重，旱轻涝重，弱轻旺重的原则。如喷施过量，可灌水 1 200m³/hm² 或喷施 0.02%~0.04% "九二零"、1% 尿素液、20~40mg/kg GA 缓解。DPC 可与一般微肥、农药混合喷施，但不宜与农药混在一起连治棉蚜带化控，因为棉蚜重的棉棵较小，喷药易多，会使棉棵控制过重，不利均衡增产。

（二）乙烯利催熟技术

棉田喷施乙烯利，可加速棉铃开裂，减轻生育后期低温影响，增加霜前花产量，提高棉花品质。

乙烯利宜在后期长势较旺、贪青晚熟或需早腾茬的棉田使用，不能在单产水平低或种子田使用。喷施时间一般在距严霜期 15~20 天，外围（上部）铃期 40 天以上；日最高气温 20℃以上。使用过早，会造成棉株提早落叶，棉铃迫熟，铃重减轻；使用过晚，气温低，乙烯释放速度慢，降低催熟效果。黄河流域棉区一般在 10 月上旬喷施。喷施浓度为 0.08%~0.1%，每公顷药量 750~900kg，喷药时要尽量喷在青桃上，以提高催熟效果。喷后 6h 内遇雨应重喷。乙烯利遇碱性物质分解，不可与农药混用。

棉花生育后期遇阴雨天气，易发生烂铃。将铃期 40 天以上，有烂铃危险的棉桃摘下，在 1% 的乙烯利水溶液中稍浸泡后捞出摊晾，可得到吐絮较好的籽棉。

八、病、虫、草害及其防治

病、虫、草害是导致棉花死苗、蕾铃脱落的重要原因，直接影响棉花的产量和品质。棉花生育期间，要加强病情、虫情及草情测报，抓住战机，彻底防治。

（一）病害及其防治

1. 苗期主要病害

棉花苗期的病害主要有红腐病、立枯病、炭疽病、褐斑病和纹斑病等。

早播或低温多雨适于发病，温度越低病情越重。连作棉田、种子质量差、氮肥多发病严重，有机肥多病轻。死苗多发生在出苗后半个月，真叶出现后死苗少。

通过精细选种、与禾本科作物轮作、适时播种、温汤浸种及药剂（灵福合剂、多菌灵等）拌种可达到一定防治效果。

苗病发生后可用 1∶1∶200 的波尔多液或 25% 的多菌灵胶悬剂 200~300 倍液喷治。每 7 天喷 1 次，喷 2~3 次。

2. 棉花枯萎病和黄萎病

枯、黄萎病是棉花生产上最严重的两种病害，至今尚缺乏有效防治药剂。

引种抗病品种是对枯、黄萎病较好的防治措施；与禾谷类作物轮作，加强管理，合理施用足量的氮、磷、钾肥；播种前撒施多菌灵、甲基托布津，生育期间滴施"枯黄一滴净"，也能取得一定的防治效果。

3. 棉铃病害

棉铃病害主要有疫病、炭疽病、角斑病、红腐病、红粉病、软腐病和黑果病。

烂铃的发生与结铃期气候条件、棉花生育状况、虫害程度和栽培管理密切相关。一般 7 月下旬开始发生，8 月中下旬为发病盛期；棉铃增大期抗病性强，一般不发病；棉铃停止增大后，降雨量大，烂铃大量发生，开裂前 10~15 天发病率最高。烂铃主要发生在棉株下部果枝内围节位上。

对于棉铃病害可通过合理密植；喷施生长调节剂，防止徒长；适时整枝，改善棉田通风透光条件；加强中耕松土及雨后排水等农业措施防治。

在铃病发生初期，用甲基托布津、多菌灵、回生灵、乙膦铝、代森锰锌等对棉铃喷雾，防效可达 85% 以上。

对于零星病铃要及时摘收，在田外晒干或晾干，剥壳收花。

（二）虫害及其防治

棉田害虫主要有棉蚜、棉铃虫（钻心虫）和棉花叶螨（棉红蜘蛛）等。

选用抗蚜品种，采取棉麦间作，均对棉蚜有一定防控作用。

冬春深耕、灌水、中耕除草既可改善田间小气候，还可消灭棉铃虫部分卵、蛹与幼虫；棉田种植玉米带，清晨拍打玉米心叶可消灭棉铃虫幼虫；产卵期喷施 2% 的过磷酸钙浸出液驱蛾，用树枝把或黑光灯诱捕成虫等都有不错的防虫效果。

利用害虫天敌进行防治。棉田内蚜虫天敌有：七星瓢虫、食蚜蝇、蚜茧蜂、小花蝽等；棉铃虫天敌有草蛉、赤眼蜂、瓢虫及苏云金杆菌、核多角体病毒；棉叶螨天敌有小花蝽、草蛉等。

防治棉田害虫化学药剂较多。如呋喃丹、3911 乳油拌种或浸种；久效磷、辛硫磷、吡虫啉、灭多威等喷雾；40% 氧化乐果、久效磷等涂茎（红绿交界处）；敌敌畏熏杀等都对棉蚜有很好的防除作用。有机磷类、菊酯类、氯基甲酸酯类等药剂对棉铃虫效果很好。三氯杀螨砜、双甲脒乳剂既能杀螨又能杀卵。

（三）草害及其防治

棉田杂草以荠菜、苦荬菜、小旋花、马唐、马齿苋、刺儿菜、苍耳、狗尾草等为主，一般 3—4 月间多种杂草发芽，夏后二年生春性杂草衰老，多数一年生杂草进入最盛时期，7 月最重。

通过深耕翻、中耕及轮作倒茬可减轻杂草危害。

地膜棉覆膜前以氟乐灵喷洒土壤表面，对杂草有很好的封杀作用。

对非地膜棉，在播后、移栽前，以果尔乳油处理土壤；4 叶后用阔乐乳油加高效盖草能乳油或精禾草克乳油定向喷雾；蕾后株高 30cm 以上，用草甘膦水剂、农达水剂或克芜踪水剂在行间低位定向喷雾，都能取得很好的除草效果。

棉田除草剂类型较多，可根据当地杂草类型及实际生产情况而定。

九、棉花地膜覆盖栽培技术

（一）地膜覆盖棉花的生育特点

（1）生长发育加快，生育进程提前。地膜棉相对于露地棉，出叶、现蕾、开花、吐絮均有所提前，且生长发育进程明显加快。据调查，地膜棉比露地棉早出苗 3～5 天，早现蕾 5～9 天，早开花吐絮 10 天左右，因而延长了有效结铃期。

（2）单株生产力高，产量结构合理，纤维品质优。地膜棉现蕾、开花提早，从而使伏前桃和伏桃比例明显增多，霜前花率高。据邯郸试验，覆膜棉花比对照单株铃数多 2.1 个，伏前桃多 1.1 个，伏桃多 3.6 个，秋桃少 2.6 个。

（3）根系发达，但分布浅，抗旱防倒能力差。地膜棉虽总根量多于露地棉，但下层根量所占比例较露地棉少，后期抗旱防倒能力低于露地棉。

（4）前期易旺长，后期易早衰。地膜棉前期生育条件好，根系生长快，吸收能力强，在开花以前明显优于露地棉，因此营养器官的生长快，如措施不当，易引起前期旺长。

地膜棉发育早，有效铃期长，开花结铃多且集中，需肥水较多；另外，地膜棉根系分布浅，后期根系活力明显下降，如不能合理供应肥水，很容易出现早衰。

（二）地膜覆盖棉花栽培技术要点

1. 播前准备

（1）精细整地、增施基肥。种植地膜棉要选择土层深厚，肥力中等以上，地势平坦的田块。为了提高覆膜质量，要精细整地，做到地平土碎无坷垃，地净墒足无根茬；0～20cm 土层含水量为田间最大持水量 70%～75% 为宜。

土壤覆膜后，有机质分解快，根系从土壤吸肥多、吸肥早，生长发育快，增产潜力大，故要增加基肥用量。施用量要因地制宜，中、上等的壤土地，保肥、供肥能力较强，一般基肥施用量占总量的 45% 左右；土壤偏沙的棉田，基肥以占总量的 30% 左右为宜。

底肥应以有机肥为主。根据经验，皮棉产量为 1 800kg/hm² 棉田，一般要求施粗肥 60~75m³ hm²，碳铵 450~600kg/hm²，过碳酸钙 750~1 050kg/hm²，硫酸钾或氯化钾 225kg/hm²。

（2）种植方式。有平作、垄作及沟覆沟种 3 种方式。

①平作。顺行平铺覆盖地面，不起垄，操作方便，保墒、防旱效果较好。但膜面容易积存雨水。点播、覆膜一次完成的机械播种即属此方式。

②垄作。在播种前整地起垄，一般垄体底宽 90~100cm，垄高 7~8cm，垄面 65~70cm，双行点播，行距一般 50cm 左右。此方式根区土温高，利于壮苗早发，沟内灌水方便，但起垄费工多。

③沟覆沟种。适合中度盐碱地棉田。一般沟深 10~17cm，宽 67cm，种两行棉花，在沟底盖膜。

无论采用哪种方式，都要注意提高覆膜质量，将地膜拉紧、铺平、紧贴地面，薄膜四边用土埋压严实，膜面每隔 5m 左右压一堆土，防止大风揭膜。

（3）选用良种。地膜棉花早发、产量高、后期易早衰，因此要选择丰产潜力大，后期长势强，抗逆性强，在当地偏晚熟的优良品种。

2. 覆膜方式

地膜覆盖播种方式可分为先播种后覆膜和先覆膜后播种两种。

（1）先播种后覆膜。能够保持播种时土壤墒情和土壤结构，保温效果好，出苗快，容易全苗。但破膜放苗费工，遇高温天气易发生膜下烧苗；破膜后棉苗遇低温易受冻伤；膜内外温度、湿度差距大，棉苗出苗后抗逆性差，易感病害、死苗。

（2）先覆膜后播种。可提前覆膜增温保墒，棉苗自然出土，不会发生烧苗现象，无须破膜放苗，省工；棉花出苗后，即能适应外界环境条件，抗逆能力强，苗较健壮。但出苗前保温效果差，出苗较慢；播后遇雨，易形成板结，影响出苗。

上述两种方式均有相应的播种机械。

（三）播种

地膜覆盖棉田，土壤温度、水分等条件较好，播种期较露地棉要提早 5~7 天。黄河流域棉区一般在 4 月中旬播种，播后 6~8 天出苗，可避过终霜冻害。

播种采用穴播方法，每穴播精选种子 3~4 粒，播种深度 3cm。先覆盖后播种可采取浅播封堆的办法，即打 2~2.5cm 深的孔，下种后用一把湿土埋孔封堆。

地膜棉发棵早，长势旺，中下部结铃多，因此密度要比露地棉稀些，以充分发挥单株生产潜力，减少荫蔽、烂铃。

田间管理

（1）破膜放苗。先播后盖的棉田，出苗后要及时放苗，膜孔直径以 3~4cm 为宜。放苗要分次进行，当子叶变绿时将苗放出，待子叶上的水分风干，用土将放风口封堵严实，以防风揭膜、跑墒、降温，杂草丛生。放苗宜在无风晴天的早上或下午进行，阴天全天均可放苗。如遇高温天气，

对刚顶土的棉苗，可先破一小孔，在孔上压少许细土，不使嫩芽露出土面，让幼苗自行顶土。

（2）间、定苗。地膜棉生长快，从 1~3 叶只有 8~9 天，定苗晚易形成高脚苗。一般在 2~3 片真叶时一次间、定苗。

（3）水肥运筹。蕾期管理要注意促根控棵、促壮控旺，使棉株稳健生长。初蕾期喷施 7.5~22.5g/hm^{2}DPC，控制营养生长，促进根系生长和生殖生长，实现稳长早发。保肥保水力差的棉田，在盛蕾期结合浇水，追施尿素 120~150kg/hm^2；地力壮的高产田要推迟到初花期。

地膜棉根系分布浅，对干旱敏感，初花期水肥不足，易造成早衰。此期追施尿素 105~120kg/hm^2，喷施 30~45g/

hm^2DPC，既可满足肥水供应，又可防止徒长。

盛花期追施尿素 $150 \sim 195kg/hm^2$，天旱时饱浇一次盛花水，满足大量开花结铃的需要。多雨年份，喷 DPC$45 \sim 75g/hm^2$，控制赘芽滋生，增加铃数，提高铃重。

8月叶面喷洒 60 倍的尿素溶液或 30 倍的过磷酸钙溶液、500 倍的磷酸二氢钾溶液、100 倍的磷酸二铵溶液，防早衰，增铃重。用量为 $1t/hm^2$，每隔 7 天喷 1 次，连喷 $2 \sim 3$ 次。

（4）整枝。地膜棉整枝与露地棉不同，一是根据伏前桃多，遇上高温高湿天气易烂桃的特点，下部 $1 \sim 4$ 个果枝要少留果节，一般留 2 个，这样可集中养分多结中部桃，还可改善下部通透条件，减少烂铃。二是单株果枝可多留 $2 \sim 3$ 个，以充分利用时间和空间，争取较高的产量。据试验，6 月下旬摘除 $6 \sim 8$ 个蕾，现蕾晚摘除 $4 \sim 6$ 个蕾，可增产 16.6%，霜前花比例提高 10%。

（5）虫害防治。地膜覆盖棉田蓟马发生严重，二代棉铃虫也比露地棉发生早且重，应及时防治。

（6）揭膜。一般棉区到 6 月底（盛蕾或初花前后），地膜的增温效应基本消失，应及时揭膜。旱地、特早熟棉区和丘陵棉区可适当延长覆膜时间或全生育期覆盖，以充分发挥地膜增温、保墒的效应。

第五节　棉花收获技术

棉株自下而上，由内向外陆续裂铃吐絮，故棉花采摘应分期进行。据研究，棉纤维一般在吐絮 3 天后才能完全成熟，纤维强度以裂铃 7 天为最高，因此，棉花采收在棉铃开裂吐絮 $5 \sim 7$ 天为最佳。收花过早，摘收裂口桃，不仅收花费工，而且纤维和种子未充分成熟，纤维强度低，降低纤维品质和种子发芽率；收花过晚，籽棉日晒过久，也会导致纤维氧化变脆，降低纤维强度。

收花时，要做到晴天快收，雨前抢收，阴雨天和露水不干不收；做到精收细拾，达到棵净、壳净、地净，确保丰产丰收。

　　控制有害杂质，做好棉花"四分"。在棉花收获过程中，要将好花和坏花分开收，霜前花和霜后花分开存，严格实行分摘、分晒、分存、分售，严禁混收混售。收摘时戴白棉布帽，用白棉布袋采摘、装运棉花，在采摘、晾晒、存储、销售全过程随时挑拣化纤丝、毛发丝和色织物丝等有害杂质，确保原棉质量、信誉和市场竞争力，提高种植棉花的经济效益。

　　新型棉花联合收获机可将采棉和打包一次完成，实现连续不间断的田间采棉作业，速度快，效率高，缺点是苞叶、铃壳等杂质较多。

第四章 花　　生

第一节　概　述

一、花生生产的重要意义

（一）花生是我国重要食品资源

花生脂肪含量一般占种子干重的 50%左右，有的品种可达58%~60%，属高油作物。而且其中油酸、亚油酸之和达到 80%以上，特别是油酸的含量为 40%~60%，为人民所喜爱。

花生种子蛋白质含量也高，一般达 30%左右，仅次于大豆，是一种重要植物蛋白质资源。蛋白质是人类和动物的生命物质，努力扩大蛋白质来源，增加蛋白质供应已成为当今社会发展的一项重要战略任务。花生种子中的蛋白质可以直接利用，也可以利用制油后的饼粕生产脱脂花生粉、浓缩蛋白、分离蛋白、组织蛋白等蛋白质产品。

（二）花生是许多工业产品的原料

花生除富含脂肪、蛋白质外，还含有糖类、多种维生素和矿物质等，营养丰富，素有长生果、万寿果之称。花生荚果或种子可直接加工成烤花生、咸乾花生等各种食品，也可与其他食物配合，生产出各种营养食品，如花生酱、花生酥、花生豆腐、鱼皮花生、花生糖果等。

工业上将花生壳干馏、水解处理后，制取醋酸、糠醛、活性炭、丙酮、甲醇等 10 余种工业产品，还可将花生壳合成纤维板。

花生红衣是功效颇多的治病良药。以花生衣萃取物制成注射液可治血友病、血小板减少性紫癜病、肝脏出血、手术后出血，疗效可达 80%。从花生红衣中还可得到白藜芦醇、原花色素。白藜芦醇是一种植物抗毒素，研究发现，其抑制癌细胞、降低血脂、防治心血管疾病、抗氧化延缓衰老等作用比较明显。原花色素由儿茶素、表儿茶素聚合而成，具有很强的生物活性，其主要的生理活性表现为能够清除人体内过剩的自由基，能提高人体的免疫能力，并具有较强的抗氧化能力，可作为防癌、抗突变、防治心血管疾病药物的主要有效成分。

（三）花生是我国重要出口创汇物资

我国花生品质优良，在国际市场上久负盛名。20 世纪 90 年代初，欧美、日本等国掀起了食用花生等坚果食物的饮食风潮，花生及其制品的消费量连年上升。在国际市场上，我国主要油料作物价格除花生外其他均高于国际价格，只有花生因属劳动密集型产品而在国际市场上具有明显的价格优势。国内五大油料作物中，只有花生是净出口产品，年创汇 5 亿多美元，占世界花生总出口贸易额的 30%。特别是山东的大花生，以颗粒肥大、色泽鲜艳、味美可口、品质上乘等特点，驰名国际市场。

（四）花生是牲口饲料的来源

花生饼是牲口的精饲料，花生茎蔓也适合作牛、马、羊等大牲畜的粗饲料。

（五）花生是优良的养地作物

花生是豆科作物，其根瘤菌固氮可增加土壤氮素 22.5 ~ 45kg/hm^2。花生的根茎叶、花生壳和加工后的饼粕是良好有机肥，含有氮、磷、钾、钙、镁等营养元素，返田后能起到改良土壤结构、培肥地力、增加养分的作用，故花生素有"先锋作物"之美称，是农业良性循环的介质、轮作栽培的首选作物。

二、花生的生产概况

（一）世界花生生产概况

全世界花生主产国有印度、中国、美国、印度尼西亚、塞内加尔、苏丹、尼日利亚、扎伊尔和阿根廷等，每年种植面积为 1 800 万~2 000 万 hm^2，总产 1 800 万~2 000 万 t，平均单产 975kg/hm^2 左右。花生种植面积：印度 670 万 hm^2，居首位；中国 440 万 hm^2，居第 2 位；尼日利亚 223 万 hm^2，居第 3 位。花生平均单产：以色列 6 325kg/hm^2，居第 1 位；马来西亚 4 860kg/hm^2，居第 2 位；美国 3 510kg/hm^2，居第 3 位；中国 3 365kg/hm^2，居第 4 位。花生总产量：中国因单产较高，总产量达 1 482 万 t，居全球第 1 位；印度虽种植面积最大，但因单产较低，总产 660 万 t，居第 2 位；美国为 170 万 t，居第 4 位。

值得一提的是，"花生王国"——塞内加尔，花生面积达 100 万 hm^2，占全国已耕地面积的 40%以上，绝大部分花生用于出口，是国民经济重要支柱之一。

几十年来，世界花生面积和产量有所增加，但没有发生根本性的变化，这是因为各占世界花生面积 1/3 的印度和非洲地区，生产条件差，栽培技术和管理水平提高很慢，单产一直徘徊在 750~1 050kg/hm^2 的水平，影响了世界花生总产量的提高。

（二）我国花生生产概况

我国花生分布甚广，从炎热的海南岛到寒冷的黑龙江畔，从东部沿海各省到西部新疆的喀什，从平原到丘陵山区，几乎都有种植。根据各地的地理条件、气候因素、耕作制度、品种类型和今后发展趋势，我国花生生产划分为 7 个自然区域：北方大花生区；南方春、秋两熟花生区；长江流域春、夏交作区；云贵高原花生区；东北早熟花生区；黄土高原花生区；西北内陆花生区。

我国花生面积稳定在 400 万 hm^2 左右，自 2004 年始，单产一直高于 3 000kg/hm^2，十年来总产量在 1 288.7 万~1 470.8 万 t 之间波动。花生种植面积和总产量最大的是河南省，其次是山东省，第三是河北省，广东省居全国第 4 位。山东省的单产最高。

目前，生产上主推的花生品种主要有汕油 523、汕油 188、汕油 199、粤油 5 号、粤油 114、粤油 79、粤油 223、白沙 1016、鲁花 9 号、鲁花 11 号、鲁花 14 号、花育 16、花育 17 号、豫花 7 号、豫花 15 号、豫花 9326，豫花 9327、海花 1 号、中花 4 号、、中花 5 号、泰花 5 号、丰花 1 号、天府 19 号、天府 20 号、天府 21 号等。

三、花生产量的形成

花生产量一般是指单位面积内荚果的重量。花生的产量是由株数、单株荚果数和果重 3 个基本因素构成，这 3 个因素互相联系，互相制约，它们的形成受许多因素影响。

1. 株数的形成

一般情况下，株数是决定产量的主导因素，主要受播种量、出苗率和成株率的影响。播种量因品种、气候条件、土壤条件水肥条件和栽培管理水平而异，一般珍珠豆型为 30 万~37.5 万粒/hm²，普通型为 18 万~22.5 万粒/hm²。出苗率受种子质量、播种时的气候条件、土壤条件和播种质量等影响，其变化很大，是影响株数的主要因素。成株率受自然条件和管理措施等因素的影响，从出苗到成熟会有部分植株死亡，使成株率小于出苗率，株数减少。

2. 单株荚果数的形成

单株荚果数是一个非常不稳定的因素，变幅很大，少者只有 3~5 个，一般为 10~20 个，多则几十个。单株荚果数主要受第一、第二对侧枝发育状况，花芽分化状况以及受精率和结实率的影响，这些都与苗期、花针期和结荚期的光、温、水、肥等条件有关。

3. 果重的形成

决定果重的因素主要是荚果内种子的粒数和粒重。只有一个胚珠受精并发育，就形成单仁重，相应的是双仁重和多仁重，它们之间的果重有明显的差异，而胚珠的受精率和受精胚珠的发育率与花针期和结荚期的环境条件有关。粒重是种子形成和发育过程干物质不断积累的结果，它与果针入土迟早和结荚期、饱果期营养的供应有关。

四、花生品质的形成

花生油中以不饱和脂肪酸含量最高，如含油酸 65.7% ~ 71.6%，含亚油酸 13.0% ~ 19.2%，含饱和脂肪酸仅 13.8% ~ 16.8%。据研究，花生荚果发育 10 天后，有一小部分脂肪、蛋白质等不溶性有机物开始贮藏，到 30 天左右，种子的增长基本稳定，渐次进入脂肪、蛋白质及淀粉等不溶性有机物大量转化积累时期。以后糖类和种子含水量显著降低，干物质和脂肪积累迅速增加。至 50 天左右，含油率达到高峰。种子中盐溶蛋白质占子叶总蛋白质的 90% 以上。盐溶蛋白质在种子发育过程中呈双峰曲线变化。在果针入土 12 ~ 16 天时，种子中盐溶蛋白质含量很低，20 ~ 40 天积累迅速，40 天时达到第 1 个峰值，随后变慢，至 50 天后又再大幅度增加，55 ~ 60 天达到第 2 个峰值，此后开始下降，但维持较高水平。

影响花生品质形成的因素主要有品种、气候环境及栽培条件三大因素。值得一提的是，黄曲霉菌（Aspergilusflavus）侵染对花生品质有明显的不良影响，在不适条件下，花生在收获前、收获中和收获后的储藏、运输和加工过程中都可能感染黄曲霉菌，其产生的黄曲霉毒素对人畜有强烈致癌作用。

第二节　花生的栽培技术

一、轮作

（一）轮作的意义

"花生喜生茬，换土如上粪"。花生忌连作，轮作是花生高产稳产的主要措施之一。

1. 能减少病虫草为害

任何病虫草害都有一定的寄主或适宜的生存条件才能生活

和繁衍，合理轮栽不同作物，使其失去寄主或生存的环境条件发生了改变，导致其不能繁殖或死亡，减少为害。例如花生青枯病是南方旱地花生的主要病害之一，发病率常达 20%~30%，严重时高达 50% 以上，目前尚未发现有特效药物防治，主要是采取轮作的方法来减少为害。水稻与花生轮作可使青枯病发病率降至 2% 左右，小麦、木薯与花生轮作三年，可使发病率降至 5% 左右。

2. 有利于田间养分平衡

一方面水稻与花生轮作，花生的根瘤固氮作用和茎叶回田，提高了土壤肥力，据广东博罗县的调查，花生与水稻经多年轮作后，土壤的有机质从 0.96% 提高到 1.37%，全氮由 0.066% 上升为 0.086%。另一方面水旱轮作，土壤的氧化还原性不同，有机质的分解和养分释放速度不同，水稻与花生对氮、磷、钾等养分的吸收也不同，水稻吸收氮素较多，花生吸收氮素较少，二者正好互补互利。如浙江建德市采用"冬菜—春花生—晚稻"的种植模式，深受各级领导和广大农户的重视和欢迎。

（二）轮作方式和周期

花生的轮作方式应因地制宜进行选择，一般以水旱轮作为好，或者与禾本科作物轮作。前者主要是与水稻轮作，后者与小麦、大麦、玉米、甘薯等轮作。轮作周期愈长愈好，水旱轮作周期可短些，与旱作物轮作周期宜长些，至少三年以上。

二、花生的整地

（一）花生对土壤条件的要求

花生生长的适宜土壤条件是耕作层深厚、排水性好、有机质丰富、富有钙质、疏松易碎的砂壤土。这样的土壤，水、肥、气、热、微生物等肥力因素比较协调统一，能满足花生生长所需的水分、养分、空气等生活要素。这样的土壤，整地、播种、排灌、施肥、管理等便利，容易调控。在这样的土壤上种植花生，种子易萌发出苗，有利于根系和根瘤的生长发育，也有利于果针入土结实，从而达到苗齐、苗全、苗壮，结实多，产量高。

（二）花生整地要求

整地质量与种子萌发出苗和幼苗生长关系密切。整地首先要早。春花生在秋冬作物收获后、春雨来临之前要抓紧进行，秋花生则在夏收后立即进行。这样可以避免因雨水而延误整地时间和影响整地质量，有利于按时早播和提高播种质量，同时使土壤有一段时间晒白风化，促进有机质腐烂分解，增加养分和使土壤逐步沉实，达到上松下实，提高土壤蓄水保肥能力。其次，在整地质量方面要做到深耕、平整、疏松、细碎、湿润。再次是畦作或垄作。畦作可以加厚耕作层，有利于根系生长，便于排灌和除草施肥等田间管理操作，还有利于提高土温和通风透光，促进花生生长。最后是搞好排灌系统。

（三）施足基肥

结合深耕整地，施足基肥是花生高产稳产的一项重要措施，也是花生施肥的主要方法。施足基肥不仅要求有足够的数量，而且要求有较高的质量。花生基肥一般是以厩肥、堆肥、饼肥、火烧土等有机肥为主，适当配合速效氮、磷、钾等。有机肥是一种全面综合性肥料，既能源源不断地满足花生对各种营养元素的需要，又能起到改良土壤、全面提高地力和增加肥效的作用。基肥的用量一般占施肥总量的 70%~80%。产量为 4 500kg/hm^2 以上高产田、中等肥力土壤，基肥量为土杂肥 12 500kg/hm^2 或者优质猪牛粪肥 15 000kg/hm^2，过磷酸钙 375kg/hm^2，尿素 150~225kg/hm^2。在土壤偏酸时，还应增施一定数量的石灰。如果土壤中微量元素缺乏，还可以将适量的微肥与有机肥混合施下。基肥施用方法，视肥料种类和数量而定，肥多撒施或分层施，肥少则条施或穴施。体积大、未腐熟的有机肥宜早施、深施，反之，可迟施、浅施。过磷酸钙等化肥必须经与有机肥堆沤后施下。

三、花生的播种

(一) 品种的选用

南方春秋两熟花生区，春花生生育期为 130~140 天，秋花生为 120~130 天，宜选用早熟或早中熟的珍珠豆型或多粒型花生良种。各省、区近年来都先后选育一批适宜于本省不同土类和栽培条件的品种。例如广东的粤油 551、汕头 71 等，适合于肥水条件较好的水田种植；而粤油 92、粤油 256 和湖南的湘花生 2 号等，适合旱土坡地和病区种植。山东省主推的有山花 9号、花育 33 号、青花 7 号、花育 912、花育 36 号、山花 13 号、潍花 16 号等大花生品种和山花 10 号、潍花 14 号小花生品种。总之，各地应因地制宜地选用适宜的良种，才能高产。

(二) 种子的准备

1. 秋植留种

秋植留种亦称翻秋留种，即利用春花生收获后的种子，在秋季再种一季（造）花生，所得种子作为翌年春花生用种。用秋花生种子作种较用春花生种子作种具有出苗快、出苗率高、出苗整齐、苗壮产量高的优点。这是因为秋花生种子较春花生种子含有较多的蛋白质、淀粉、可溶性糖等水性物质，吸水快，吸水多，易发芽；秋花生种子贮藏时间短，贮藏的环境条件低温干燥，种子新鲜，有利于保持种子的生活力，生活力强；秋花生种子抗低温、抗湿、抗旱等抗逆性强，带菌率很低，有利于在春播不良条件下萌发出苗。

2. 播前晒种

播种前带壳晒种 1~2 天，使种子更加干燥，增强种皮透性，提高细胞渗透压，以增强吸水力。晒种提高种子温度，提高水解酶活性和呼吸作用，有利于种子内物质的转化，从而促进种子萌发出苗。晒种还有杀死病菌、减少病害的作用。晒种最好放在土晒场上，不宜放在水泥晒场或石板上，以免高温损伤种子。同时要翻动，使种子受热均匀一致。

3. 适时剥壳

播种前1~2天剥壳，即剥即播。不要过早剥壳，种子失去果壳保护，容易吸水受潮，增强呼吸作用和酶的活性，消耗养分，降低生活力，也容易受病菌和昆虫侵袭以及机械损伤。同时注意将种子用塑料膜袋包藏好，防止吸湿受潮，降低呼吸作用。

4. 精选种子

为了保证种子质量，应在建立留种田和片选、株选、荚选的基础上，剥壳时进行粒选，选择充实饱满、颜色鲜艳、发芽力强的种子播种。

5. 发芽试验

贮藏时间长久和贮藏条件差的种子，播种前进行发芽试验，了解种子的发芽势和发芽率。适宜作种的种子，发芽势应在80%以上，发芽率应在95%以上。

6. 浸种催芽

花生播种一般采用干种子直接播种，但在低温、干旱或种子质量稍差时，通过浸种催芽，然后播种是获得全苗齐苗的好办法。花生催芽方法简便多样，有温室催芽、土坑催芽、砂床催芽、竹箩催芽等，其要点是花生种子充分吸水，保持湿润，维持25~30℃的温度，催芽至胚根刚露白为度。

7. 药剂拌种

播种时，用0.3%的多菌灵或0.5%的菲醌等杀菌剂拌种，可以防止或减轻病害；用2%~3%的氯丹乳油等药剂拌种，对防止地下害虫和鸟兽为害有良好效果；用根瘤菌剂和钼肥拌种，能加速根瘤形成，增强固氮作用。

（三）播种期的确定

花生的播种期受到品种、土壤、气候和栽培制度等许多要素制约，但是，适宜的播种期主要根据气温和土壤湿度来确定。从气温来说，只要气温稳定在15℃以上就可以播种，也就是说，南方大部分地区3月起即可播种，广东2月即可播种，海南1月可播种。湖北省春花生在清明到谷雨之间，麦行套种花生在谷雨立夏之间播种，也有不套作，在麦收后抢播的。从土壤湿度来说，只要土壤田间持水量不低于50%，不高于70%，就适宜播种。为了及时早播，应根据天气和土壤水分变化，灵活安排和采取断然措施，如"冷尾暖头播种""抢晴播种""抢墒播种""抗旱播种""催芽播种"等。根据播种期不同，花生可分为春花生、夏花生、秋花生和冬花生。

山东省春花生在墒情有保障的地方要适期晚播，避免倒春寒影响花生出苗和饱果期遇雨季而导致烂果。鲁东适宜播期为5月1日至5月15日，鲁中、鲁西为4月25日至5月15日。单粒播较双粒播可提前2~3天播种。夏直播花生在前茬作物收获后，要抢时早播，越早越好，力争6月15日前播完，最迟不能晚于6月20日。

（四）播种密度与方式

合理密植是建立良好群体结构的重要措施，它包括播种密度的确定和播种方式的选择。

1. 播种密度

播种密度一般指单位面积上的播种粒数，它与构成花生产量的主要因素——株数有密切关系。播种密度或栽培密度与产量的关系不是呈直线关系，而是呈抛物线关系的，因此，确定合理的播种密度非常重要。常规生产时，珍珠豆型花生播种密度为30万~37.5万粒/hm²，实收株数为27万~33万株/hm²；普通型花生播种密度为18万~22.5万粒/hm²，实收株数16.5万~21万株/hm²。具体的播种密度还应根据品种类型、自然条件、栽培水平和种子出苗率等因素来确定。生育期长、植株高大、分枝性强、蔓生的品种宜疏些，反之宜密些；高温多雨多日照地区，土壤肥沃、水肥充足、管理水平高的田块宜疏些，反之宜密些。

山东省花生高产地块，适当降低密度。根据品种特性和土壤肥力状况，每公顷播 195 000~225 000 粒。中低产地块，适当增加密度。春播大花生每公顷播 127 500~142 500 墩。夏直播大花生单粒每公顷播 225 000~270 000 粒，双粒每公顷播 142 500~150 000 墩。

2. 播种方式

良好的播种方式，要株距与行距合理，植株在田间分布较均匀，通风透光好，能充分利用地力和光能，群体内个体间对阳光、水肥和生长空间竞争小，单株生产力高。目前，南方的播种方式有双粒条播、单粒条播、小丛穴播、大小行植、宽行窄株等。行距和株距的大小是种植方式的核心，目前一般采用行距约大于株距的种法，行距为 25~35cm，株距为 15~30cm。合理的行株距应该是：行距等于该品种在栽培条件下第一对侧枝中一个侧枝的长度，株距略小于侧枝长度的1/2。

山东省花生高产地块，采用单粒精播方式，垄距 80~85cm，垄面宽 50~52cm，垄上播 2 行，行距 28~30cm，株距 10~12cm。中低产地块，采用双粒精播方式。春播大花生垄距 85~90cm，垄面宽 50~55cm，垄上播 2 行，行距 30cm，墩距 15~17.5cm。

（五）播种深度

播种深度对花生出苗和幼苗素质有重要影响。花生的播种深度的确定应以"干不种深，湿不种浅，深浅一致"为原则，一般以 5cm 为宜，最深不超过 8cm，最浅不浅于 3cm。过深氧气少，过浅易落干，过深过浅均不利发芽出苗。

四、花生的田间管理

（一）追肥

1. 花生的营养特点

花生必须吸收足够的 N、P、K、Ca、Mg、S、Fe、Na、B、Mo、Mn、Cu、Zn、Al、Si 等十多种营养元素，才能正常生长发育。其中，N、P、K、Ca 的吸收量很大，其余吸收极少，但缺乏任何一种，生长发育都受到影响。花生一生中所需 N、P、K 的比例为 $1.00：0.18：0.48$，每生产 100kg 荚果，需吸收 $5\sim7$kg N、$3\sim4$kg K_2O、$2.5\sim3$kg CaO、$1\sim1.5$kg P_2O_5。所吸收的 N，一半以上来自根瘤菌固氮，一半左右来自土壤和施肥，其余元素几乎全部来自土壤和施肥。不同生育阶段对 N、P、K、Ca 的吸收量不同，苗期（出苗至始花）少，占总量的 5%～10%；花针期（始花至盛花）增多，占 10%～20%；结荚期（盛花至结荚）最多，占 40%～50%；饱果成熟期（结荚至成熟）减少，占 20%～30%。不同品种和产量水平，每生产 100kg 荚果所需吸收的 N、P、K、Ca 不同，晚熟种>中熟种>早熟种，低产田>肥力中等田>肥力高的田。

2. 追肥数量

氮磷钾钙等肥料的施用量，应根据土壤营养水平、花生产量指标、肥料种类和肥料的利用率等因素来决定，一般用20%～30%的肥料作为追肥。

3. 追肥时间

苗期尤其三四叶期，施适量的速效氮、磷、钾肥，有利于营养器官的生长，培育壮苗，促进花芽分化，因为此时子叶营养已耗尽，根瘤未能提供氮素。花针期根据植株生长情况，适当补施速效氮、磷、钾、硼、钼肥，可促进开花受精和根瘤固氮。此时应增施钙肥石灰和石膏，以供荚果发育吸收大量钙的需要。结荚期植株生长最旺盛，根的吸收机能和根瘤固氮供氮能力最强，如果增施肥料，容易引起植株徒长倒伏和招引病虫害。饱果期根据植株生长情况，适当追肥，养根保叶，防早衰，促果饱，增果重。

4. 追肥方法

（1）根际追肥。花针期以前多采用根际追肥，常结合中耕除草培土进行穴施和深施。土壤要有一定水分，必须将肥料覆埋土中，以提高肥效，减少损失。勿在露水或雨水未干和土壤过于干旱时施肥。

（2）结荚区施肥。将肥料施于结荚区域为荚果本身吸收称为结荚区施肥。结荚所需的钙肥宜施于结荚区，肥少干旱时也宜在结荚区施肥。

（3）根外追肥。结荚期和饱果期多采用根外追肥。根外追肥具有用肥少、肥效快、效果好的优点。常用的几种肥料根外追肥浓度和时期如下：硫酸铵或尿素 0.5% ~ 1%，过磷酸钙 1% ~ 2%，氧化钾 0.5% ~ 1%，任何时期都可使用；钼酸铵 0.05% ~ 0.1%，在苗期或花针期施；硼酸 0.01% ~ 0.05%，在苗期或花针期施；稀土 0.01% ~ 0.05%，苗期和始花期施。

（二）水分管理

1. 花生的需水特点

（1）全生育期需水量。花生全生育期的需水量因环境条件和品种类型而异。据测定，北方普通型花生，单产为 3 750kg/hm^2 时，全生育期耗水量为 4 350m^3，平均生产 100kg 耗水 116m^3；南方珍珠豆型花生，单产为 3 000kg/hm^2 时，全生育期耗水量为 1 800 ~ 2 550m^3，平均生产 100kg 耗水 60 ~ 85m^3。即北方多南方少，晚熟种多早熟种少。

（2）不同生育期需水量。不同生育阶段，需水量不一样。据测定，南方珍珠豆型中、小粒花生的需水量，播种至出苗阶段占全生育期的 3.2% ~ 6.5%，齐苗至开花阶段占 16.3% ~ 19.5%，开花至结荚阶段占 52.1% ~ 61.4%，结荚至成熟阶段占

14.4%~25.1%；北方普通型大花生则分别占 4.1%~7.2%，
11.9%~24.0%，48.2%~59.1%，22.4%~32.7%。即两头少，
中间多。

（3）需水临界期。据有关试验认为，花生的需水临界期为
盛花期，需水最多的时期为结荚初期。

（4）花生的耐旱特性。花生既需水，但又是较耐旱的作物。
这是因为除了有较深的根系外，叶片有巨型的贮水细胞，从而
适应干旱环境。花生又是怕水的作物，水分过多，土壤空气少，
根系生长和对养分的吸收受阻，根瘤菌的活动与固氮作用受抑，
导致植株"发水黄"，开花减少，荚果发育不良，甚至出现烂根
烂果。

2. 花生的水分管理

根据花生的需水特点，既要保证有充足的水分供应，尤其
是花针期和结荚期，又要防止干旱和水分过多的危害。一般以
保持土壤最大持水量的50%~70%为宜。当持水量低于40%时，
要注意灌溉；当持水量大于80%时，应注意排水。但是，不同
的生育阶段，水分管理的要求略有不同。各生育期的水分管理
经验，可概括为"燥苗、湿花、润荚"。就是苗期水分宜少，土
壤适当干燥，有利于促进根系深扎和幼苗矮壮；花针期宜多水，
土壤宜较湿，有利于促进开花与下针；结荚期土壤宜润，既满
足荚果发育需要，又防止水分过多引起茎叶徒长和烂果烂荚。
据此，苗期土壤水分控制在田间持水量的50%左右，花针期为
70%左右，结荚期为60%左右，饱果期为50%左右较为适宜。

（三）炼苗和清棵

1. 炼苗

炼苗也叫饿苗、蹲苗。就是在幼苗期控制水分，促进幼苗
根系深扎，培育良好根系。由于控制水也控制了肥，幼苗地上
部的生长受抑制，主茎和第一对侧枝伸长缓慢，茎节短密，形
成矮壮苗。当恢复供水供肥后，迟生的第二对侧枝便容易赶上

第一对侧枝，生长整齐一致，充分发挥第一、第二对侧枝的增产作用，为花多花齐和果多打下基础，也有利于防止后期徒长倒伏。炼苗一般在幼苗四片真叶时开始，此时第一对侧枝已长出，六片真叶时结束，此时第二对侧枝已长成。炼苗以土壤干旱不危及植株正常的生理活动为度，即不出现反叶、卷叶现象。水肥条件好的田块才炼苗，而瘦瘠的旱坡地和生长纤弱的幼苗不宜炼苗，而应及早施肥和防旱。

2. 清棵

清棵是在深播条件下，为了解放埋在土中的第一对侧枝所采取的一项增产措施。就是在齐苗后，结合第一次中耕，用小锄将花生植株周围泥土扒开，使两片子叶恰恰露出土面，这样，子叶腋内两个侧芽在充足的阳光和空气条件下迅速发育成为健壮的第一对侧枝，否则生长迟缓纤弱。经过 15~20 天，第一、二对侧枝健壮成长后，再将扒开的泥土埋窝，培土还针。

（四）中耕除草与培土

1. 中耕除草

"花生怕草咬，草咬结果少"，"荒了头草不发苗，荒了二草不结豆"，这是群众对杂草危害花生的科学总结。苗期幼苗生长缓慢，植株矮小，杂草生长快，及早中耕除草，为幼苗生长创造一个"净、松、湿、肥"的环境，是培育壮苗的重要措施。花生的除草，除结合中耕用人工除草外，目前已全面推广化学除草。一般是在播种后发芽前将除草剂均匀地洒在土壤表面。常用的除草剂有丁草胺、拉索、都尔、恶草灵、扑草净等。

2. 培土

适当培土，可缩短果针与地面距离，使果针早入土结荚，增加结实率。适当培土，还能减少土壤流失，加厚土层，增加养分，尤其加强边行植株的培土，有利于充分发挥边行优势的增产作用。花生的培土可结合中耕除草进行。培土不宜过厚，以免荚果发育的土壤生态环境发生较大改变而影响结荚，一般以不超过 5cm 为度。培土也不宜过早，以免影响第一、二对侧枝发育，一般在始花后或花针期为宜。

（五）病虫害防治

每年因病虫为害损失的花生占总产量的 10%左右。搞好花生病虫害的防治是保苗、保叶、高产、稳产、优质的重要措施。

1. 花生主要病害及其防治

为害花生的病害有 20 多种，南方花生区较严重的有花生青枯病、锈病、黑斑病、褐斑病等。山东省花生病害主要有叶斑病（包括黑斑病、褐斑病和网斑病）、茎腐病、白绢病、疮痂病、病毒病等 20 多种。对于花生病害的防治，目前主要采取合理轮作、改善栽培管理、选育抗病品种和药剂防治等综合防治措施，其中合理轮作和改善栽培管理是主要的。

（1）种植抗耐病品种。花生抗病品种的利用是防治病害最为经济有效的方法，而且省工省力对环境没有污染。当前各地应因地制宜用感病程度轻的花生品种，如花生叶斑病发生较重的地区可选用鲁花 11 号、鲁花 14 号、湛江 1 号和粤油 92 等，以减少病害造成的损失。对病毒病可选用鲁花 11、花育 18、冀花 2 号、花 37、豫花一号、海花一号等品种等抗病新品种。锈病严重的地区种植抗（耐）病高产品种如中花 17、粤油 551 等。对青枯病可种植抗（耐）病高产品种如中花 2 号、鲁花 3 号、鄂花 5 号等品种。

（2）适当轮作，及时清除田间残株病叶。花生与甘薯、玉米、水稻等作物轮作一二年均可减少田间菌源，收到明显减轻病害的效果。花生收获后，及时清除田间残株病叶，翻转耕翻 30cm 较常规耕深 20cm，把表土残留的病菌较彻底翻转底层，压低了初侵染病原基数，可显著增加产量。

（3）药剂拌种。防治叶斑病、疮痂病可用 1%申嗪霉素1 000 倍液喷雾。预防茎腐病、根腐病可用 50%多菌灵可湿性粉剂按种子量的 0.3%或每亩用 2.5%咯菌腈悬浮种衣剂 20～40ml

拌种。

（4）适期播种、合理密植、使用不同类型的肥料，补充花生生长所需的元素，加强田间管理措施，可促进花生健壮生长，提高抗病力，减轻病害发生。改平种为垄种，降低田间湿度，以改变田间小气候。

2. 花生主要虫害及其防治

为害花生的虫害近百种，南方花生区为害较普遍较严重的有蛴螬、蝼蛄、地老虎、蚜虫、斜纹夜蛾、蓟马等。山东地区主要虫害有蛴螬、蚜虫、棉铃虫、叶螨等40多种，不仅对花生产量降低造成巨大影响，而且严重影响花生的品质。对于花生害虫的防治，除农业措施外，目前主要采用药剂防治。

（1）物理防治。利用害虫的趋光性，进行灯光诱杀害虫。有条件的地方可安装频振式杀虫灯诱杀害虫，每30~40亩地安装高效杀虫灯一台，统一设置，统一开灯，集中处理，诱杀棉铃虫、蛴螬等害虫成虫。减少田间的发生量。用黄（蓝）胶板20~25块/亩，于植株上方20cm悬挂花生田间，可有效黏杀花生蚜虫。

（2）人工捕杀。利用棉铃虫成虫对杨树枝叶的趋性，采取杨柳枝把诱蛾诱杀成虫，杨柳枝每2m一把，每5m一行诱集棉铃虫成虫，进行人工捕杀。对发生较轻，为害中心明显及有假死习性的害虫（如蛴螬成虫），采用人工捕杀的方法，减少为害。

（3）生物防治。保护利用天敌，种植天敌密源植物，在花生种植区的四周种植天敌臀钩土蜂密源植物，如种植红麻、菜豆、甘薯等作物，这些植物的花粉或密腺是成蜂的主要食物来源，诱集土蜂前来觅食并寄生蛴螬，可有效减轻地下害虫蛴螬的危害。利用白僵菌150亿孢子/g可湿性粉剂，每亩制剂250~300g拌土撒施防治花生田蛴螬。

用性诱剂诱杀棉铃虫，每亩设置诱芯一个，可有效诱杀棉铃虫。利用中华草蛉、赤眼蜂、小花蝽等自然天敌，控制害虫危害。如用赤眼蜂防治，一般在棉铃虫产卵始、盛期连续放蜂2~3次，每次放蜂1.5万~2万头/亩，可有效控制棉铃虫的危害。Bt生物药剂防治棉铃虫每亩用500ml Bt（2 000IU/mg）乳剂在棉铃虫卵孵化盛期加水25kg喷雾，每7天再喷1次，连喷4次。

保护利用瓢虫类、草蛉类、食蚜蝇类和蚜茧蜂类等天敌生物，当百墩蚜量4头左右，瓢：蚜比为1：（100~120时），可控制花生蚜的为害。

（4）化学防治。防治蛴螬等地下害虫可用70%噻虫嗪种子可分散粉剂30~50g拌种，或60%吡虫啉悬浮种衣剂，每亩60g，可兼治蚜虫，还可每亩用30%毒死蜱600ml拌种。对秋蛴螬为害严重的地块，可在花生初花期每亩用40%毒死蜱乳油200ml，对细沙土顺垄基部撒施，然后浅锄将药剂埋入土中，对防治蛴螬为害细嫩荚果效果显著。防治蚜虫可用10%吡虫啉可湿性粉剂10~15g/亩对30kg水喷雾，或50%辟蚜雾可湿性粉剂每亩6~8g，加水40kg喷雾。防治棉铃虫：可用5%氟铃脲乳油120~160g/亩，对水喷雾；或用2.5%溴氰菊酯乳油25~30g/亩喷雾。

（六）植物生长调节剂的应用

植物生长调节剂在花生上愈来愈广泛，并取得明显效果。常用的调节剂有矮化植株，防止倒伏的比久（B9）、多效唑（PP333）等；有促进茎枝叶生长、增强光合作用的三十烷醇、增产灵（4-碘苯氧乙酸）等；有打破种子休眠、促进发芽、又能抑制开花的乙烯利等；有抑制光呼吸、减少干物质消耗的亚硫酸氢钠等。各种调节剂的使用方法见商品说明书。

五、花生的收获与贮藏

（一）适期收获

适期收获是保证花生丰产优质的重要环节。适期收获就是根据花生的成熟度、品种生育期和气候条件等确定适宜的收获日期，既不提早，又不过迟，保质保量。成熟的花生植株地上部停止生长，下部叶脱落，上部叶转黄，叶片睡眠运动消失，地下部大多数荚果网纹清晰，充实饱满，果壳硬而薄，种皮呈品种固有颜色，并达到该品种全生育期的天数，例如华南地区珍珠豆型品种春植为 130~140 天，秋植为 120~130 天。湘鄂赣等省一般在 9—10 月收获。此外，宜选晴天收获，避免雨天收获。

（二）安全贮藏

安全贮藏，防止种子酸败霉变，为食用和种用提供优良的产品、加工原料和种子，是花生栽培的最终目的。

安全贮藏的条件如下。

（1）荚果和种子必须充分晒干，晒至安全水分以下，即含水量达非油物质的 14%~15%，以全果计在 10%以下，以种子计在 8%以下，或用手搓种子能脱皮，用齿咬之易断。

（2）保护好果壳，防止在晒、运过程中果壳破损。

（3）贮藏环境条件保持干燥、低温、通风、干净，一般要求空气相对湿度低于 70%，温度低于 20℃，越低越好，有通风散热设备，空气无异味。

（4）注意翻晒，一般入贮后每隔 3 个月或半年翻晒 1 次，使之保持干燥状态。

花生种子安全贮藏的关键是减少水分，降低种子呼吸作用，防止病虫侵害。因此，只要种子含水量保持在安全水分以下，就能贮藏长时间不变质，否则很容易发生酸败霉变。

值得注意的是花生在栽培过程中和收获后都容易受到黄曲霉菌和寄生曲霉菌的侵染，侵染后产生的代谢产物——黄曲霉毒素目前已发现的有 20 多种，在食品中较常见的包括 AFB1、AFB2、AFG1、AFG2 和 AFM1 等，它们毒性大小的排列顺序为 AFB1>AFM1>AFG1>AFB2>AFG2。其中，AFB1 是目前所有已知致癌物中致癌力最强的一种，其毒性是氰化钾的 10 倍、砒霜的 68 倍，被世界卫生组织的癌症研究机构确定为一级癌物中致癌力最强的一种，大量研究发现，AFB1 不仅具有极强的致癌、致畸、致突变毒性，而且其急性毒性也很高，对人和动物有很大的危害。

第三节 花生地膜覆盖栽培技术

花生进行地膜覆盖栽培是一种广泛适用的先进栽培技术，对实现花生优质高产高效生产有重要作用。

一、精细整地，施足基肥

起垄时底墒要足，做到有墒抢墒，无墒造墒。一般垄高 12cm 左右为宜，垄面 55～60cm，垄距为 85～90cm，垄沟宽 30cm，花生小行距控制在 30cm 左右，保持花生种植行与垄边 10cm 以上的距离。垄坡要陡，要改梯形坡为矩形坡，垄面要平，起垄后要将垄面耙平压实，以利于膜面与垄面贴实压紧。

由于地膜花生生长旺盛，需肥量大，而生育期间又不便追肥，因此在播前应施足基肥，增施有机肥，补充速效肥。2/3 的氮、磷肥和全部钾肥、有机肥要在早春耕地时施入，其余的氮、磷肥结合起垄施在垄面中间 10cm 的结果土层以下，做到深施和匀施。

二、选择适宜品种

为充分发挥地膜的增产潜力，提高单产水平和增产效益，根据当地生产条件、产量水平和作物茬口，选择花生品种。在无霜期 120 天左右地区，一般中等肥力地块，选用发育早、生育期较短的早熟品种；在无霜期 130 天以上的地区，土壤肥力较好的地块，选用中熟品种。如冀油 4 号、鲁花 11、鲁花 14、花育 16、白沙 1016 等。

三、适期早播

当地温达 13～15℃时开始播种，一般在 4 月下旬播种，5 月初出苗为宜。播种时必须足墒播种，墒情不足时，应浇水后播种，以利于出苗整齐和幼苗生长。播种的深度比露地花生要浅些，一般以4cm左右为宜。一般在高水肥地，每亩留苗8 000~9 000穴，在中等水肥地，每亩留苗10 000~12 000穴，1穴2粒种子。

四、覆膜

选用地膜时，不仅要宽度适宜、不碎裂、耐老化、透明度高，而且要保证有效顺利入土，控制高位节的无效果入土。种植花生应选用85~90cm宽、厚度为0.007mm或0.002mm，透光率为70%的地膜为宜；展铺性好，确保覆膜期间不碎裂，易被果针穿透，不黏卷。铺膜时要按照平、伸、直、严的原则，即轻放膜、手拉紧，使地膜紧贴地面无皱褶，四周压牢不透风，每隔5m左右用湿土压实，防止大风揭膜，确保覆膜质量。

五、覆膜花生的田间管理技术

（一）查苗护膜

播种后要经常查田护膜，防止刮风揭膜和地膜破口透风，确保地膜保温、保墒效果。

（二）开孔放苗

先播种后覆膜的花生顶土鼓膜（未见绿叶）时，就要及时开孔放苗。开孔后随即在膜孔上盖一层3~5cm厚的湿土，轻轻压实，这样既起到封苗孔增温保墒的效果，还可起到避光引苗出土、释放第一对侧枝的作用。放苗一定要在9时前完成，以防烧苗，并做到随开孔放苗，随覆土将苗孔边缘压实。

（三）畦沟及时中耕除草

雨后或灌溉造成畦沟板结，或播后畦沟未喷除草剂易滋生杂草，应及时顺沟浅除，破除板结、清除杂草。

（四）浇好关键水

足墒播种的覆膜花生，苗期一般不需浇水，播后 2 个月内不下雨，也能正常生长。如果久旱无雨或只有降雨量小于 10mm 的降雨，在开花下针期和结荚期，叶片刚刚开始泛白出现萎蔫时，应立即沟灌、润垄或进行喷灌。

（五）病虫害防治

苗期的蚜虫、蓟马，中期的枯萎病、叶斑病、锈病和蛴螬发生早并且病虫危害重，要及时防治。防治时，要严格禁止使用"三无农药"；严格禁用高毒、高残留农药。

（六）控制徒长

及时喷施植物生长延缓剂，控制徒长，是覆膜花生夺取高产的必要措施。一般在植株高度达到 40cm 左右时，喷施壮饱安、多效唑等加以控制。另外注意在结荚初期也要控制植株旺长，否则会影响果针下扎，降低产量。

（七）生长中期不揭膜

花生生长中期绝对不能揭膜，揭膜会造成因为环境突然改变而影响花生的生长发育，造成减产。据调查，中期揭膜对土壤的温度、湿度和通透性均造成不良的影响，双果率、饱果率明显下降、产量降低。

（八）保叶防衰，排水防烂果

覆膜花生在施足基肥、全量施肥的前提下，前期一般不会出现脱肥现象。但由于覆膜后，植株生长旺盛，根系吸收养分功能增强，结果数增加，养分消耗量增大，花生生长到中、后期往往出现脱肥现象，造成叶片早落、植株早衰，影响荚果膨大及产量。因此，应及时补肥，延长叶片的功能期，提高叶片的活力，增加果重。一般采取叶面喷施 1% 的尿素和 2%～3% 过磷酸钙混合溶液的措施。在荚果成熟期，若遇雨水过大时，应及时排水降湿，确保田内无积水，以减轻或避免烂果的发生。

(九) 适时收获，净地净膜

覆膜花生成熟期一般比露地花生提早 10~20 天，成熟后应及时收获，防止落果、烂果，以提高荚果和籽仁的质量。收获的同时，要及时回收残膜，做到净地净膜，以防残膜对土壤、环境、饲草的污染。

第五章 大 豆

大豆是人类重要的粮食作物之一，是具有高营养价值、高生理活性和广泛工业用途的宝贵农业资源。大豆籽粒蛋白质含量约40%，含油量20%左右，含有人体必需的8种氨基酸、亚油酸以及维生素A、维生素D等营养物质，是唯一能替代动物性食品的植物产品。豆油是品质较好的植物油，且不含人体有害的芥酸，有防止血管硬化的功效。大豆饼（粕）及秸秆是畜禽的蛋白质饲料的来源。同时，大豆根瘤菌具有固定空气中氮素的作用，是良好的用地养地作物。所以，大豆在国民经济和人民生活中占有重要地位。

第一节 大豆栽培基础

一、大豆的一生

（一）植物学特征

大豆为豆科大豆属一年生草本植物。

1. 根和根瘤

（1）根。大豆根属于直根系，由主根、侧根和根毛组成。初生根由胚根发育而成，侧根在发芽后3~7天出现，一次侧根还再分生二三次侧根。根毛是幼根表皮细胞外壁向外突出而形成的，根毛寿命短暂，大约几天更新一次。根的生长一直延续到地上部分不再增长为止。

（2）根瘤。大豆根瘤菌在适宜条件下，侵入大豆根毛后形成的瘤状物叫根瘤。初形成的根瘤呈淡绿色，不具固氮作用。健全根瘤呈粉红色，衰老的根瘤变褐色。出苗后2~3周，根瘤开始固氮，但固氮量很低，此时根瘤与大豆是寄生关系。开花期以后，固氮量增加，到籽粒形成初期是根瘤固氮高峰期，根瘤与大豆由寄生关系转为共生关系。以后由于籽粒发育，消耗了大量光合产物，根瘤获得养分受限，逐渐衰败，固氮作用迅速下降。一般地说，根瘤所固定的氮可供大豆一生需氮量的 $1/2 \sim 3/4$。这说明，共生固氮是大豆的重要氮源，然而单靠根瘤固氮是不能满足其需要的。根瘤菌是嗜碱好气性微生物，在氧气充足、矿质营养丰富的土壤中固氮力强。大量施用氮肥，会抑制根瘤形成；施用磷钾肥能促进根瘤形成，提高固氮能力。大豆的根系如图 5-1 所示。

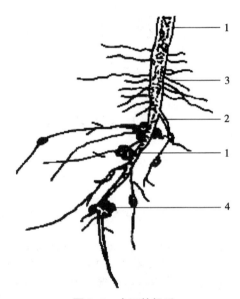

图 5-1 大豆的根系

1. 主根；2. 侧根；3. 不定根；4. 根瘤

2. 茎

大豆的茎，近圆柱形略带棱角，包括主茎和分枝，一般主茎高度在 $30 \sim 150 cm$。

大豆幼茎有绿色与紫色两种，绿茎开白花，紫茎开紫花。

茎上生茸毛，呈灰白或棕色，茸毛多少和长短因品种而异。

按主茎生长形态，大豆可分为蔓生型、半直立型和直立型。栽培品种均属于直立型。

大豆主茎基部节的腋芽常分化为分枝，多者可达 10 个以上，少者 1~2 个分枝或不分枝。分枝与主茎所成角度的大小、分枝的多少及强弱决定着大豆栽培品种的株型。按分枝与主茎所成角度大小，可分为张开、半张开和收敛 3 种类型；按分枝的多少、强弱，又可将株型分为主茎型、中间型以及分枝型 3 种。

3. 叶

大豆属于双子叶植物，叶有子叶、真叶和复叶 3 种。

大豆小叶的形状、大小因品种而异。叶形可分为椭圆形、卵圆形、披针形和心脏形等。有的品种的叶片形状、大小不一，属变叶型。

叶片寿命 30~70 天不等。下部叶变黄脱落较早，寿命最短。上部叶寿命也比较短，因出现晚却又随植株成熟而枯死。中部叶寿命最长。大豆的叶如图 5-2 所示。

4. 花和花序

大豆的花序着生在叶腋间或茎顶端，为总状花序。一个花序上的花朵通常是簇生的，俗称花簇。花的颜色分白色和紫色两种。

大豆是自花授粉作物，花朵开放前即已完成授粉，天然杂交率不到 1%。

5. 荚和种子

大豆荚由子房发育而成。荚的表皮有茸毛，个别品种无茸毛。荚色有草黄、灰褐、褐、深褐以及黑色等。豆荚形状分直形、弯镰形和弯曲程度不同的中间形。有的品种在成熟时沿荚果的背腹缝自行开裂（炸裂）。

栽培品种每荚多含 2~3 粒种子。荚粒数与叶形有一定的相

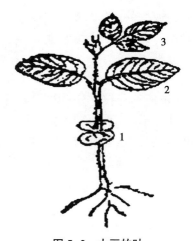

图 5-2　大豆的叶
1. 子叶；2. 真叶；3. 复叶

关性，披形叶大豆，四粒荚的比例很大，也有少数五粒荚、卵圆形叶、长卵圆形叶品种以二、三粒荚为多。种子形状可分为圆形、卵圆形、长卵圆形以及扁圆形等。种子大小通常以百粒重表示，百粒重 14g 以下为小粒种，14~20g 为中粒种，20g 以上为大粒种。种皮颜色可分为黄色、青色、褐色、黑色和双色五种，以黄色居多。胚由两片子叶、胚芽和胚轴组成。

　　成熟的豆荚中常有发育不全的籽粒，或者只有一个小薄片，通称秕粒。秕粒率常在 15%~40%。秕粒发生的原因是，受精后，结合子未得到足够的营养。一般先受精的先发育，粒饱满；后受精的后发育，常成秕粒。在同一个荚内，先豆由于先受精，养分供应好于中豆、基豆，故先豆饱满，而基豆则常常瘦秕。开花结荚期间，阴雨连绵，天气干旱均会造成秕粒。鼓粒期间改善水分、养分和光照条件有助于克服秕粒。

　　(二) 生育期

　　大豆从出苗到成熟所经历的天数称生育期。

　　我国大豆按原产区生产条件下的生育期分为极早熟、早熟、中熟、晚熟和极晚熟五类。

北方春作大豆区，极早熟品种生育期在 100 天以内；早熟品种为 101～110 天；中早熟品种 110～120 天；中熟品种 121～130 天；晚熟品种 130～140 天；极晚熟品种 141 天以上。

黄淮海流域夏大豆区，春作大豆极早熟品种生育期在 100 天以内；早熟品种为 101～110 天；中熟品种 110～120 天；晚熟品种 121～130 天；极晚熟品种 131 天以上。夏作大豆极早熟品种生育期在 90 天以内；早熟品种为 91～100 天；中熟品种 101～110 天；晚熟品种 111～120 天；极晚熟品种 121 天以上。

南方大豆区，长江流域春作大豆极早熟品种生育期在 95 天以内；早熟品种为 96～105 天；中熟品种 106～115 天；晚熟品种 116～125 天；极晚熟品种 126 天以上。夏作大豆极早熟品种生育期在 120 天以内；早熟品种为 121～130 天；中熟品种 131～140 天；晚熟品种 141～150 天；极晚熟品种 150 天以上。南方春作大豆区极早熟品种生育期在 90 天以内；早熟品种为 91～100 天；中熟品种 101～110 天；晚熟品种 111～120 天；极晚熟品种 121 天以上。南方秋作大豆区早熟品种生育期在 95 天以内；中熟品种 96～105 天；晚熟品种 106～115 天；极晚熟品种 116 天以上。

（三）生育时期

大豆出苗到成熟经历种子萌发与出苗期、幼苗期、分枝期、开花结荚期和鼓粒成熟期 5 个生育时期。

1. 种子萌发与出苗期

当胚根与种子等长时为发芽；当子叶刚出土展平即为出苗。田间 10% 的大豆出苗为出苗始期；50% 出苗叫出苗期。

2. 幼苗期

从出苗到分枝出现为幼苗期，即出苗到田间 10% 的植株两片复叶刚展开时称幼苗期。大豆在第一对真叶期开始形成根瘤，第一复叶期根瘤开始固氮，但此时固氮量能力很低。幼苗期是大豆的营养生长时期，地下部生长快于地上部。

3. 分枝期

第一分枝出现到第一朵花出现为分枝期。大豆在第二复叶刚展开时开始发生分枝，田间 10% 的植株分枝，即为分枝期。每个叶腋中都有两个潜伏的腋芽，一个是枝芽，可以发育成分枝；另一个是花芽，可以发育成花序。一般植株上部的腋芽形成花序，下部的形成分枝。

分枝期是以营养生长为主的营养生长和生殖生长并进期，叶的光合产物具有同侧就近供应的特点，中部叶的光合产物向上供应生长点和新生茎、叶，向下供应不能独立进行光合作用的同侧弱小分枝。下部叶的光合产物则供给根和根瘤的发育。分枝期根瘤具有一定固氮能力。

种子萌发到始花为营养生长阶段，又称生育前期，约占全生育期的 1/5。

4. 开花结荚期

从始花到终花为开花结荚期。田间有 10% 植株开花叫始花期；50% 植株开花叫开花期；80% 植株开花叫终花期。开花和结荚是两个并进的生育时期，始花到终花，占全生育期的 3/5，又称生育中期。开花后形成软而小的绿色豆荚，当荚长达 2cm 时叫结荚，田间 50% 植株结荚叫结荚期。开花结荚期是营养生长与生殖生长并进阶段，是植株生长最旺盛的时期。茎、叶大量生长，株高日平均增长 1.4～1.9cm，叶面积指数达到最大值，根瘤菌的固氮能力达到高峰。开花结荚期光合产物由主要供应营养生长逐渐转向以供应生殖生长为主，叶的功能分工更加明显。荚成为有机物的分配中心，光合产物主要供给自身叶腋中的豆荚，少量供给邻近豆荚，也具有同侧就近供应的特点。

（1）大豆的结荚习性。大豆的结荚习性一般可分为无限、有限和亚有限 3 种类型。

①无限结荚习性。茎秆尖削，始花期早，开花期长。主茎

中、下部的腋芽首先分化开花，然后向上依次陆续分化开花。始花后，茎继续伸长，叶继续产生。如环境条件适宜，茎可生长很高。主茎与分枝顶部叶小，着荚分散，基部荚不多，顶端只有1~2个小荚，多数荚在植株的中部、中下部，每节一般着生2~5个荚。

②有限结荚习性。一般始花期较晚，当主茎生长高度接近成株高度前不久，才在茎的中上部开始开花，然后向上、向下逐节开花，花期集中。当主茎顶端出现一簇花后，茎的生长终结。茎秆不那么尖削，顶部叶大。

③亚有限结荚习性。这种结荚习性介乎以上两种习性之间而偏于无限习性。主茎较发达。开花顺序由下而上，主茎结荚较多，顶端有几个荚。大豆结荚习性类型如图5-3所示。

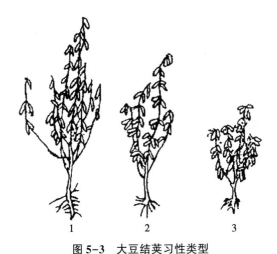

图5-3　大豆结荚习性类型

1. 无限结荚习性；2. 亚有限结荚习性；3. 有限结荚习性

大豆的结荚习性是重要的生态性状，在地理分布上有着明显的规律性和区域性。从全国范围看，一般南方雨水多，生长季节长，有限性品种多。北方雨水少，生长季节短，无限性品种多。从一个地区看，一般雨量充沛、土壤肥沃，宜种有限性品种；干旱少雨、土质瘠薄，宜种无限性品种。雨量较多、肥力中等，可选用亚有限性品种。

（2）大豆的落花落荚。大豆的落花落荚是影响大豆产量的主要原因，其呈现明显的规律性。不同结荚习性的大豆品种，落花落荚的部位和顺序不同。有限结荚习性大豆，靠近主茎顶端的花先落，然后向上、向下扩展，植株下部落花落荚多，中部次之，上部较少。无限结荚习性的大豆，主茎基部花荚脱落早，但上部脱落较多，中部次之，下部较少。在同一栽培条件下，花荚脱落盛期，早熟品种比中晚熟品种早；熟期相近的品种，单株开花数多的花荚脱落率高。在同一植株上，分枝比主茎花荚脱落率高；在同一花序上，花序顶端脱落率高。花荚脱落率高峰期，多出现在末花期至结荚期之间。

落花落荚的原因主要有：一是由于群体过大（如密度过大）、生育过旺，导致群体内通风透光不良，光合产物减少。同时群体内温度低，湿度大，大豆蒸腾作用降低，有机养分尤其是糖的供应不足。二是养分供应失调，土质瘠薄或施肥量少的地块，较肥沃或施肥多的地块，花荚脱落率高。徒长植株较健壮植株，花荚脱落率高。三是水分供应失调，进入生殖生长期，大豆对水分反应敏感，如旱灾，叶片失水，其吸水力大于子房，于是水分倒流引起花荚脱落。另外，植株受病虫为害或机具、风等外力作用，也会提高落花落荚率。

减少花荚脱落的措施包括：一是选用多花多荚的高产品种；二是精细整地，适时播种，加强田间管理，培育壮苗；三是增施有机肥作基肥，按需肥规律施肥，防止后期脱肥；四是开花结荚期及时灌水排涝；五是合理密植，实行间作、穴播，改善群体内小气候；六是应用生长调节剂防徒长；七是及时防治病虫害，建造农田防护林，增强抵御自然灾害的能力。

5. 鼓粒成熟期

大豆结荚后，叶片、叶柄、茎和荚皮中的养分不断向籽粒中运输，豆粒日益膨大，当豆荚平放，豆粒明显鼓起并充满荚腔时，称为鼓粒。田间 50%植株鼓粒叫鼓粒期。

在一个荚中，顶部的豆粒首先快速发育，其次是基部的豆粒膨大，最后是中部的豆粒发育，当外界条件不良时其易形成空秕粒。鼓粒完成时，种子含水量为 90%左右，随着种子成熟很快降到 70%，以后含水量缓慢下降。当种子达最大干重时，含水量迅速降低，在 7~14 天内由 65%降到 15%左右。这时豆粒变硬，与荚皮分离，呈现本品种固有的形状和色泽。种子在开花后 40~50 天成熟。终花到成熟期占全生育期的 1/5，又称生育后期。

大豆的成熟过程分为黄熟、完熟和枯熟 3 个阶段。黄熟期植株下部叶片大部分变黄脱落，豆荚由绿变黄，种子逐渐呈现其固有色泽、体积缩小、变硬，此时是人工收获或分段收获的适宜时期，也是大豆含油量最高的时期。进入完熟期叶片全部脱落，荚壳干缩，籽粒含水量降到 15%，豆粒与荚皮分离，用手摇动会发出响声，此时为直接收获的适宜时期。到枯熟期时植株茎秆发脆，出现炸荚现象，种子色泽变暗。

二、大豆生长发育需要的环境条件

（一）光照

大豆是喜光作物。大豆的光饱和点是随着通风状况而变化的，通风状况好，光饱和点提高。大豆的光补偿点也受通气量影响，在低通气量下，光补偿点相对偏高；而在高通气量下，则相对偏低。在田间条件下，大豆群体冠层所接受的光照度是极不均匀的。大豆群体中、下层的光照是不足的，这里的叶片主要靠散射光进行光合作用。

大豆是短日照作物。大豆对日照长度反应极其敏感，即使极微弱的月光对大豆开花也有些影响。大豆开花结实要求较长的黑夜和较短的白天。每个大豆品种都有其对生长发育适宜的日照长度，只要日照长度比适宜的日照长度长，大豆植株即延迟开花；反之，则提早开花。但是，大豆对短日照的要求是有限度的，并非越短越好。一般品种每日12h的光照即可起到促进开花抑制生长的作用，9h光照对部分品种仍有促进开花的作用。当每日光照缩短为6h，则营养生长和生殖生长均受到抑制。大豆结实器官的发育和形成要求短日照条件，不过早熟品种的短日性弱，晚熟品种的短日性强。

认识大豆的光周期特性，可以在引种上加以利用。同纬度地区间引种容易成功，低纬度地区大豆向高纬度地区引种，生育期延迟，一般霜前不能成熟。反之，高纬度地区大豆品种向低纬度地区引种，生育期缩短，产量下降。

（二）温度

大豆是喜温作物。不同品种在全生育期内所需要的大于或等于10℃的活动积温相差很大，黑龙江省的中晚熟品种要求2 700℃以上，而超早熟品种则要求1 900℃左右。

大豆种子萌发的最低温度是7~8℃，正常萌发出苗温度为10~12℃，最适温度为25~32℃。幼苗期生长的最低温度为8~10℃，正常生长温度为15~18℃，最适温度为20~22℃，苗期可忍受-3~-2℃短时间的低温，当气温降到-5℃时幼苗就会被冻死。分枝期要求的适宜温度为21~23℃。开花结荚期要求的最低温度为16~18℃，最适温度为22~25℃，低于18℃或高于25℃，花荚脱落增多。鼓粒期要求的最低温度为13~14℃，成熟期为8~9℃。一般18~19℃有利于鼓粒，14~16℃有利于成熟。鼓粒成熟期昼夜温差大，有利于降低呼吸作用，促进同化产物的积累。

大豆不耐高温，当气温超过40℃时，结荚率减少57%~71%。大豆植株的不同器官，对温度反映的敏感性不同。茎对温度较敏感，叶次之，根不敏感。在较低温度条件下，叶重与茎重的比值有增高趋势，茎、叶重与根重的比值则有减少的趋势。

（三）水分

大豆是需水较多的作物。每形成 1kg 籽粒，耗水 2kg 左右。大豆不同生育时期对水分的需求不同。

播种到出苗期间，需水量占总需水量的 5%。种子萌发需水较多，为种子重的 1~1.5 倍。土壤相对含水量在 70% 时，出苗率可达 94%；相对含水量增至 80% 时，出苗率降至 77.5%，且出现烂根现象。说明水分过多，透气性差，土温较低，影响出苗。种子萌发出苗适宜的土壤相对含水量为 70%。

幼苗期需水较少，占总需水量的 13%，此时抗旱能力强，抗涝能力弱。幼苗期根系生长快，茎、叶生长较慢，土壤水分蒸发量大，适宜的土壤相对含水量为 60%~70%。幼苗期适当干旱，有利于扎根，形成壮苗。

分枝期是大豆花芽分化的关键时期，需水量占总需水量的 17%，如果干旱，会影响花芽分化，适宜的土壤相对含水量为 70%~80%。

开花结荚期是大豆营养生长与生殖生长并进期，对水分反应敏感，是大豆一生中需水最多的时期，占总需水量的 45%，也是需水临界期。开花结荚期适宜的土壤相对含水量为 80%。

鼓粒成熟期营养生长停止，生殖生长旺盛进行，仍是需水较多的时期，需水量占总需水量的 20%，适宜的土壤相对含水量为 70%。

第二节　大豆播前准备

一、选地与选茬

（一）选地

耕层深厚，在 20cm 以上，有机质含量 3% 以上，容重 0.8~1.2g/cm³ 的土壤，最适于大豆的生长。各种土壤均可种植大豆，以壤土最为适宜。

大豆要求 pH 值为 6.5~7.5 的中性土壤。pH 值低于 6.0 的酸性土往往缺钼，也不利于根瘤菌的繁殖和发育；pH 值高于 7.5 的土壤往往缺铁、锰。大豆不耐盐碱，总盐量 $< 0.18\%$，$NaCl < 0.03\%$，植株生育正常。

（二）选茬

大豆重迎茬会影响产量和品质。一是病虫害加重；二是根系分泌物和根茬腐解物对大豆产生毒害作用；三是土壤微生物种群发生变化，不利于大豆的微生物种群增加；四是土壤养分过度偏耗；五是土壤理化性状恶化，容重变大，不利于大豆的生长发育，使大豆产量降低，品质下降。

大豆对前作要求不严格，凡有耕翻基础的禾谷类、经济类作物，如小麦、玉米、高粱、谷子和亚麻等都是大豆的适宜前作。

玉米茬土壤疏松肥沃，杂草少；小麦茬根系入土较浅，土质疏松，土壤熟化时间长，速效养分含量高，土壤水分状况好，杂草少，都能为大豆生长发育提供良好的土壤环境。谷子和高粱等杂粮作物根系分布浅，土壤疏松，有利于大豆根系生长，但应结合秋翻整地，加大施肥量，特别是增施有机肥，才能确保丰产。大豆与浅根性禾谷类作物轮作，存留危害大豆的病虫少，可以分别利用土壤不同层次的养分，达到均衡利用土壤养分的目的。各地大豆主要轮作方式为：小麦→大豆→小麦；小麦→大豆→玉米；大豆→杂粮→玉米；小麦→大豆→杂粮→玉米；马铃薯→小麦→大豆→杂粮；大豆→甜菜→小麦→玉米。

二、整地与施肥

（一）耕整地

通过耕翻、深松、耕深达到 $18 \sim 35cm$，形成深厚耕层；通过耙地和耢地，使耕层土壤细碎、疏松、地面平整，10m 宽幅内高低差不超过 3cm、每平方米内直径 $3 \sim 5cm$ 土块不超过 10 个。

（1）耕翻。耕翻深度 $18 \sim 20cm$，以不打乱耕作层为限。伏翻宜深，秋翻宜浅；有深松配合宜浅，无深松配合宜深。不起大块，不出明条，翻垡整齐严密，不重耕不漏耕，耕幅、耕深一致，耕堑直，百米内直线误差不超过 20cm，地表 10m 内高低差不超过 15cm，翻耙紧密结合。

（2）深松。无深松基础的地块应深松以打破犁底层，有深松基础的地块，每三年深松一次。深松深度一般 30cm，多年未深松、犁底层较厚的地块，应逐年加深，深松深度达到耕层以下 5~15cm 为宜。深松宜在夏季进行；秋季土壤水分较充足仍可进行深松，但土壤水分较少的易旱地块，秋耕不宜深松；地势较高、耕性好的地块，可先深松后耙茬，低平地、耕性差的地块，可先耙茬后深松、再耙茬。深松应做到，不重不漏，不起大块，松耙紧密结合。干旱条件下苗期不宜深松。

（3）耙地。耕翻、深松后应及时耙地。一种是冬前重耙两遍，耙深 15cm 以上，耙透耙细；早春轻耙 1~2 遍，深度达 8cm 以上。另一种是有耕翻或深松基础的平播大豆，前茬多为小麦、亚麻等，在前作收获后，立即用双列圆盘耙耙地灭茬，对角耙 2~3 遍，耙深 12~15cm，再轻耙 1~2 遍，耙平、耙细，播前耢平即可播种。

（4）耢地。耢地可与耙地同时进行。秋天耢地以平地保墒为主，春天前期耢地以碎土平地为主，后期以保墒为主。根据耢地的目的和时机，选择相应的机具类型。

（5）旋耕。有深松基础的玉米茬、高粱茬地块，在秋季或春季可用旋耕机旋耕 1~2 次，旋耕深度 12~18cm，再平播或起垄播种、镇压复式作业。

（二）需肥规律与施肥

1. 大豆的需肥规律

大豆所需氮素营养的一部分是由根瘤菌固氮作用提供的，占总需氮量的 25%~60%，其余的氮素为出苗后从土壤中吸收。第一复叶期大豆的根瘤固氮能力弱，根吸氮量少，处于"氮素饥饿期"，叶色转淡。幼苗期以后吸氮量不断增加，到结荚期达到高峰期，以后吸氮量逐渐减少。大豆一生的氮素吸收具有前少后多单峰曲线的特点。

大豆是"喜磷作物"，幼苗期到分枝期是磷的敏感期，缺磷器官发育受抑制，足磷对保证产量作用重大。大豆出苗后吸磷量迅速增加，到分枝期出现第一个吸收高峰，以后又渐渐下降；开花期以后吸磷量再次增加，到结荚期出现第二个高峰，以后又缓慢下降。大豆对磷的吸收具有前多后少双峰曲线的特征。

大豆具有喜钾特性。从出苗到开花期吸收占总吸收量的32.2%，开花期到鼓粒期吸收约占61.9%，鼓粒期到成熟期吸收占5.9%。大豆一生需钙较多，又称钙性植物。

2. 施肥技术

（1）基肥。基肥应以有机肥为主，配合一定数量的化肥。根据地力情况有机肥施用量要达到每公顷 $30m^3$ 以上，化肥一般用尿素 $52.5kg/hm^2$、二铵 $150kg/hm^2$、氯化钾 $75kg/hm^2$。基肥的施用方法因整地方法而异，最好在伏秋翻地前施入，通过耕翻和耙地将基肥翻耙入 $18\sim20cm$ 的土层中。如果秋季或春季破垄夹肥，可将底肥施入原垄沟，然后破茬打成新垄，使基肥正好深施于新垄台下。来不及秋翻施肥的地块，可在春季耙地前撒施肥料，通过深耙混入土层中。

（2）种肥。化肥做种肥要做到氮、磷、钾搭配并补充微肥，要提倡和推广测土配方平衡施肥。没有配方施肥条件的地方，应按减磷、增钾的原则确定施肥量和比例。中等肥力地块，一般施过磷酸钙 $97.5\sim150kg/hm^2$ 或二铵 $75\sim150kg/hm^2$，硫酸钾 $37.5\sim60kg/hm^2$，一般不用氮肥做种肥。化肥应深施、分层施。施肥量大时，第一层施在种下 $5\sim7cm$ 处，占施肥总量30%～40%；第二层施于种下 $8\sim16cm$ 处，占总量的60%～70%。在施肥量偏少的情况下，第二层施在 $8\sim10cm$ 处。

（3）追肥。在土壤肥力不足的地块，大豆苗期生育弱，封垄有困难时应根据土壤肥力状况、大豆苗期长势结合中耕除草追肥。开花至鼓粒期是大豆需肥的高峰期，在此前的分枝期和初花期追肥，恰好可以满足大豆需肥高峰期的养分需求。施过基肥的地块，在初花期前 5 天左右要重施一次追肥，可追尿素 $75\sim112.5kg/hm^2$，视苗情适当补施硫酸钾 $75\sim105kg/hm^2$，开沟条施。基肥施用量少的地块，除苗期早追肥外，应根据土壤肥力和大豆长势，在分枝至初花期追施尿素 $75\sim150kg/hm^2$，磷酸二铵 $150\sim225kg/hm^2$，氯化钾 $75\sim150kg/hm^2$。

根外追肥一般在初花到终花期喷施 $1\sim2$ 次。用尿素 $7.5\sim15kg/hm^2$，钼酸铵 $225\sim450g/hm^2$，磷酸二氢钾 $1.5\sim4.5kg/hm^2$，对水 $450\sim750kg$ 根外追肥。其他微量元素不足的地块，可加硫酸锌 $75\sim375g/hm^2$（最终浓度为 $0.01\%\sim0.05\%$），硫酸锰 $750g/hm^2$（最终浓度为 0.1%），硼砂或硼酸 $75g/hm^2$（最终浓度 0.01%）。

三、优良品种的选用

（一）优良品种的标准

在一定的自然条件、耕作栽培条件下经人类选择，形成了丰富的大豆品种类型，每一品种都有一定的特点和适应性。例如，喜肥水、茎秆粗壮的有限或亚有限结荚习性的品种、主茎发达的大粒品种与植株高大、繁茂性强的中小粒品种，适宜在高肥水的条件下栽培；无限结荚习性的品种，适宜在瘠薄干旱条件下种植。可见，大豆的优良品种没有统一的标准，一般在栽培地区能够充分发挥其优质、高产、稳产特性的品种，就称为优良品种。

黄淮南部地区热量条件相对较好，可选用生育期相对较长的品种，如中黄 13、徐豆 14、徐豆 16、皖豆 24、阜豆 9 号、郑196、商豆 6 号、豫豆 29 等。黄淮中部地区要选用熟期相对适中的品种，如冀豆 17、中黄 30、皖豆 28、荷豆 13、中黄 37、周豆 12、秦豆 8 号等。黄淮北部地区要选用生育期相对较短的品种，如冀豆 19、邯豆 5 号、沧豆 10 号、齐黄 35、菏豆 20 号、山宁 17、中黄 35 等。

（二）大豆优良品种选用的依据

1. 根据无霜期和积温选用品种

根据当地积温和无霜期，选择熟期类型与之相适应的品种，能保证霜前正常成熟，又不浪费光热资源。种植与主栽品种熟期相近的品种，就不会有大问题。一般北方春作大豆品种生育期 90~155 天；黄淮流域春、夏播大豆生育期 90~150 天；南方春大豆生育期 95~110 天，夏大豆生育期为 120~150 天，秋大豆多生育期为 90~115 天。

2. 根据地势、土壤和肥水条件选用品种

阳坡地、沙质土地温高，可选用生育期稍长的品种；阴坡地和黏质土地温低，应选用生育期略短的品种。一般情况下，肥水条件好，管理水平高的地区，可选用熟期稍长，增产潜力大的品种；平川地、二洼地要选用耐肥、抗倒的高产品种；瘠薄干旱、施肥量不足的地区，应选用适应性强并耐瘠薄的品种。

3. 根据栽培方法选用品种

窄行密植要选用主茎发达、分枝少、秆强抗倒的中矮秆品种；大垄栽培与穴播要选用分枝能力强，中短分枝，茎秆直立，单株生产力高的品种；机械化收获应选用秆强不倒，株型收敛，结荚部位高，不易炸荚，籽粒破碎率低的品种。

4. 根据加工企业和市场需求选用品种

根据加工企业和市场需要选择高油、高蛋白或双高品种是选用品种的重要原则。

5. 特殊条件下的品种选用

在干旱、盐碱土地区宜选用耐旱、耐瘠和耐盐碱品种；在孢囊线虫、菌核病等危害严重的地区，要选用抗病虫品种；灌水栽培的大豆要选用抗倒伏的品种；重、迎茬多的地区，要注意选用多抗性品种。北方地区主栽和主推优良大豆品种见下表。

表　优良大豆品种

品种名称	特征特性
合农 61	生育期 121d 左右，亚有限结荚习性。中感花叶病毒病 1 号株系，感花叶病毒病 3 号株系，中抗灰斑病。适宜在黑龙江第二积温带、吉林蛟河和敦化地区、内蒙古兴安盟地区、新疆昌吉和新源地区春播种植
黑农 65	在适应区出苗至成熟生育日数 115d 左右，需 ≥10℃ 活动积温 2 350℃ 左右。亚有限结荚习性，株高 90cm 左右，有分枝。适于黑龙江省第二积温带种植
绥农 31	生育期 121d 左右，无限结荚习性。中感灰斑病，中抗花叶病毒病 1 号株系，感花叶病毒病 3 号株系。适宜在黑龙江省第二积温带和第三积温带上限、吉林省白山和吉林地区、新疆昌吉和新源地区春播种植
吉农 27	生育期 129 天左右，圆叶、白花、亚有限结荚习性。感胞囊线虫病，中感灰斑病，抗花叶病毒病 1 号株系，中抗花叶病毒病 3 号株系。适宜吉林中南部、辽宁东部山区、甘肃西部、宁夏北部、新疆伊宁地区春播种植
沈农 12	生育期 132 天左右，圆叶、紫花，亚有限结荚习性。中感胞囊线虫病，中感花叶病毒病 1 号株系和 3 号株系。适宜在辽宁中南部、宁夏中北部、陕西关中平原地区春播种植
登科 1	生育期 111d 左右，长叶、紫花、无限结荚习性。中感灰斑病，中感花叶病毒病 1 号株系，感花叶病毒病 3 号株系。适宜在黑龙江第三积温带下限和第四积温带、吉林东部山区、内蒙古呼伦贝尔中部和南部、新疆北部地区春播种植
中黄 13	春播生育期 130~135d，夏播生育期 100~105d。有限结荚习性，半矮秆，抗倒伏，中抗胞疲线虫和根腐病，抗花叶病毒病。适于华北北部、辽宁南部、四川春播；黄淮海地区夏播
豫豆 29	生育期 109d，有限结荚习性，抗倒、抗病性好。适宜在河南中部和北部、河北南部、山西南部、陕西中部、山东西南部夏播种植
科丰 14	黄淮海南片夏播生育期 95d，北片为 100d。有限结荚习性，株型收敛，抗大豆花叶病毒病。适宜于北京、天津、河北、河南、山东、安徽、江苏、山西及陕西等地区夏播和部分地区春播种植
徐豆 11	夏播生育期 104d，适宜一年两熟制夏播。亚有限结荚习性，植株直立，主茎分枝少。适宜江苏淮北地区及鲁南、皖北、河南等地作夏大豆种植

四、种子处理

（一）种子精选及发芽试验

播种前进行机械或人工精选，清除病虫粒、破碎粒、瘪粒和其他杂质。精选后的种子要达到二级良种以上标准，即品种纯度在98%以上，种子净度98%以上，发芽率90%以上，种子含水量不高于13%。

在种子精选前进行一次发芽试验，确定种子是否有选用的价值，如果没有种用价值就应更换，有种用价值的再进行精选。种子精选后再进行一次发芽试验，发芽率达到90%以上才能播种。

选种有机械选种和人工粒选两种方法。机械选种是通过筛选或空气浮力选种，清除杂质，选出粒大、饱满、完整的种子。人工选种通过逐粒选择，清除病虫粒、破碎粒、小粒、瘪粒和其他杂质。

（二）种子包衣

种衣剂是农药、微肥、生物激素的复合制剂，能促进幼苗生长，对地下害虫、大豆孢囊线虫、大豆根腐病、大豆根潜蝇等都有较好的防效。大豆种子包衣应根据需预防的病虫种类选择种衣剂，按使用说明的标注，将种衣剂与种子按比例快速混拌，使种衣剂在种子表面形成一层均匀的药膜即包衣，阴干后播种。目前大豆常用种衣剂有 ND 大豆专用种衣剂、30%多克福大豆种衣剂、25%呋多种衣剂等，用量为种子重的 1%～1.5%。种子量较大时进行机械包衣，按药、种比例调节好计量装置，按操作要求进行作业。种子量小时可人工包衣，按比例分别称好药和种子，先把种子放到容器内，然后边加药边搅拌，使药剂均匀地包在种子表面。

（三）微肥拌种

主要采用钼酸铵、硫酸锌、硼砂、硫酸锰等微肥拌种。一般经过测土：土壤有效钼含量≤0.15mg/kg；有效锌、有效硼含量≤0.5mg/kg；有效锰含量≤5mg/kg 时，或经对比试验证明施用微肥有效时使用。

每千克豆种用 5g 钼酸铵磨细，用非铁容器，先加少量热水溶化后稀释，总用水量为种子重的 0.5%，用喷雾器喷在大豆种子上阴干后播种。每千克豆种用硫酸锌 4~6g，拌种用水量为种子重的 0.5%。每千克豆种用硼砂 0.4g，先将硼砂溶于 16ml 热水中，然后与种子均匀混拌。每千克种用硫酸锰 10g，溶于种子重 1%的水中，喷在种子上拌匀阴干播种。

两种以上微肥拌种，总用水量不宜超过种子重的 1%，防止种子皱缩、脱皮，影响播种质量。播种要注意墒情，适宜的土壤湿度为 60%左右。微肥拌种不能与碳酸氢铵等碱性肥料混用。

（四）微生物菌剂拌种

根瘤菌是大豆常用的微生物菌剂，它可以固定空气中的氮素，直接供给大豆发育所需氮素营养。另外还有增产菌，它的作用是增强大豆对不良环境的抗性，即提高抗逆性，提高产量。

根瘤菌拌种时，用量为 56.25kg/hm^2。先用种子重 2%的水把菌剂搅成糊状，然后与种子混拌均匀，阴干后 24h 内播种；增产菌拌种时将粉剂 10g 加适量的水搅匀，用喷雾器均匀地喷洒在 5kg 大豆种子表面，边喷边搅，使种子表面都沾有菌液，阴干即可使用。

第三节 大豆播种技术

一、播种时期

大豆适期播种可以合理利用当地的热量资源，保墒保苗，提高产量和脂肪含量。播种过早，地温低，出苗慢，容易感染病害，北方春大豆出苗过早也易受冻害。播种过晚易造成贪青晚熟，粒色发青。过早、过晚播种均可降低产量和籽粒含油量。

北方春作大豆区一般在 5~10cm 土层稳定达到 8℃时即可开

始播种。播期为 4 月下旬至 5 月上中旬。早熟品种适当晚播，晚熟品种适当早播；土壤墒情好可适当晚播，墒情差应抢墒播种。黑龙江省南部于 4 月 25 日至 5 月 10 日，北部 5 月 5—15 日播种；吉林省平原地区 4 月 20—30 日，东部山区、半山区于 4 月 25 日至 5 月 5 日播种；辽宁省 4 月 20 日至 5 月 10 日播种；内蒙古自治区 4 月 20 日至 5 月 20 日播种。其他省份 4 月下旬至 5 月上旬播种。

黄淮流域夏大豆区春播为 4 月上中旬；夏播为南部 6 月上旬，中、北部 6 月中旬；套作为 5 月中下旬。河北省、山东省一般 6 月中下旬夏播；山西省、陕西省、安徽省 6 月上中旬夏播，河南省 6 月 15 日前夏大豆套种。

二、种植密度及播种量

(一) 种植密度

确定密度主要考虑品种、肥水条件、种植方式及气候条件等因素。

早熟品种宜密，晚熟品种宜稀；植株矮小繁茂宜密，植株高大繁茂宜稀；瘦地宜密，肥地宜稀；窄行密植宜密，精密播种、穴播宜稀；无霜期短宜密，无霜期长宜稀；晚播宜密，早播宜稀。清种宜密，间作宜稀。

北方春作大豆区土质肥沃，种植分枝性强的品种，一般保苗 15 万~19.95 万株/hm²。土质瘠薄，种植分枝性弱的品种，一般保苗 24 万~30 万株/hm²。高寒地区，种植早熟品种，一般保苗 30 万~45 万株/hm²。在种植大豆的极北限地区，极早熟品种，一般保苗 45 万~60 万株/hm²。如黑龙江省中、南部地区垄作一般保苗 25.05 万~34.5 万株/hm²，北部地区一般保苗 28.5 万~40.5 万株/hm²。吉林省垄作中部地区一般保苗 18 万~22.5 万株/hm²，西部地区一般保苗 19.5 万~22.5 万株/hm²，东部地区一般保苗 18 万~19.95 万株/hm²。辽宁省北部地区一般保苗 19.5 万~30 万株/hm²。山西北部一般保苗 22.5 万~37.5 万株/hm²。

黄淮流域夏大豆区一般保苗 22.5 万~45 万株/hm²。平坦肥沃，有灌溉条件的地块，一般保苗 18 万~24 万株/hm²。肥力中等及肥力一般的地块，一般保苗 33 万~45 万株/hm²。山东省一般保苗 18 万~27 万株/hm²，河南省一般保苗 16.5 万~22.5 万株/hm²，安徽省一般保苗 22.5 万~30 万株/hm²。

（二）播种量

按每公顷保苗数要求，根据种子净度、发芽率、百粒重及田间损失率计算播种量。

播种量（kg/hm²）= 每公顷保苗数×百粒重/〔发芽率×净度×10×（1−田间损失率）〕

田间损失率一般按 10%计算。要求各排种口流量均匀，误差不超过±4%；播种量误差不超过±3%。

三、播种

（一）播种方法

现在生产上应用的大豆的播种方法有：窄行密植播种法、等距穴播法、60cm 双条播、精量点播法、原垄播种、耧播、麦地套种、板茬种豆等。

（1）窄行密植播种法。缩垄增行、窄行密植，是国内外都在积极采用的栽培方法。改 60~70cm 宽行距为 40~50cm 窄行密植，一般可增产 10%~20%。从播种、中耕管理到收获，均采用机械化作业。机械耕翻地，土壤墒情较好，出苗整齐、均匀。窄行密植后，合理布置了群体，充分利用了光能和地力，并能够有效地抑制杂草生长。

（2）等距穴播法。机械等距穴播提高了播种工效和质量。出苗后，株距适宜，植株分布合理，个体生长均衡。群体均衡发展，结荚密，一般产量较条播增产 10%左右。

（3）60cm 双条播。在深翻细整地或耙茬细整地基础上，采用机械平播，播后结合中耕起垄。优点是，能抢时间播种，种子直接落在湿土里，播深一致，种子分布均匀，出苗整齐，缺苗断垄少机播后起垄，土壤疏松，加上精细管理，故杂草也少。

（4）精量点播法。在秋翻耙地或秋翻起垄的基础上刨净茬子，在原垄上用精量点播机或改良耙单粒、双粒平播或垄上点播。能做到下籽均匀，播深适宜，保墒、保苗，还可集中施肥，不需间苗。

（5）原垄播种。为防止土壤跑墒，采取原垄茬上播种。这种播法具有抗旱、保墒、保苗的重要作用，还有提高地温、消灭杂草，利用前茬肥和降低作业成本的好处。多在干旱情况下应用。

（6）耧播。黄淮海流域夏播大豆地区，常采用此法播种。一般在小麦收割后抓紧整地，耕深 15～16cm，耕后耙平耢实，抢墒播种。在劳力紧张、土壤干旱情况下，一般采取边收麦、边耙边灭茬，随即用耧播种。播后再耙耢 1 次，达到土壤细碎平整以利出苗。

（7）麦地套种。夏播大豆地区，多在小麦成熟收割前，于麦行里套种大豆。一般 5 月中下旬套种，用楼式镐头开沟，种子播于麦行间，随即覆土镇压。

无论采用何种播法，均要求覆土厚度 3～5cm。过浅，种子容易落干，过深，子叶出土困难。

（二）播种质量检查

检查播种质量包括行距、播种深度、播种量 3 项内容。检查时按对角线方向随机选取 10 个以上测定点取平均值。

（1）检查行距拨开相邻两行的覆土，直至发现种子，用直尺测量其种子幅宽中心距离是否符合规定的行距，要求行距误差不应超过 2.5cm。

（2）检查播种深度每个测定点拨开覆土直至发现种子，顺播种方向贴地表水平放置直尺，再用另一根带刻度的直尺测量出种子至地表的垂直距离。平均播深与规定播深的偏差不应大于 0.5～1.0cm。

（3）检查播种量在选定的测定点，顺播种行的走向拨开 1m 长的覆土，直至露出种子，查种子粒数，即得 1m 长度的播种行内实播种子数，与根据播种量计算出来的每米长度内应播种粒数比较。穴播还要检查各测点每穴播种粒数并测量穴距。每行应选 3~5 个测点，每个测点长度不应小于规定穴距的 3 倍，每穴种子粒数与规定粒数误差±1 粒为合格；穴距与规定穴距±5cm 为合格。精密播种机播种，粒距±0.2cm 为合格。

第四节　大豆田间管理技术

一、查田补苗

在大豆出苗期间及时进行田间检查，查清各地块的缺苗程度、缺苗面积和分布状况，如果缺苗率超过 5%，则需要进行补种或补栽。补种要及早进行，将种子播在湿土上，并加强肥水管理，使补种苗尽快赶上原苗；也可在地头或行间先播一些种子，长成预备苗，在出苗后进行坐水补栽。

二、间苗、定苗

通过间苗、定苗可以保证合理密度，调节植株田间分布，有利于个体发育，为建立高产大豆群体打下基础。

在大豆齐苗后，子叶展平开始间苗，打开死撮子。定苗时，按规定密度留苗，拔除弱苗、病苗和小苗，同时剔除苗眼草，并结合松土培根。

三、中耕培土

中耕具有抗旱保墒、疏松土壤、提高地温、除草、促进根瘤形成和幼苗生长的作用。

大豆生育期间应进行 2~3 次中耕。第一次在第一片复叶展开时进行，耕深 10~12cm，墒情好时可垄沟深松 18~20cm，要求垄沟和垄帮有较厚的活土层，坐犁土不应少于 5cm，培土厚度不超过子叶节，少培土形成张口垄。第二次在苗高 20~25cm 时进行，耕深 8~12cm，培土厚度不应超过初生真叶节。第三次在封垄前结束，耕深 8~12cm，防止伤根。低洼地应高培垄，以利排涝。

四、科学灌水

（一）灌水原则

据苗情定灌水：需灌水的标志为生长缓慢，叶色老绿，中午叶片萎蔫，叶片含水量降低到 70%以前应灌水。

（1）据墒情定灌水。当土壤含水量低于最适含水量时要及时灌水，地表有明水要及时排水。

（2）据雨情定灌、排水。久晴无雨或气温高，蒸发量大，土壤水分不足时要及早灌水，降雨偏多的年份，加强排涝。

（3）据地形和土质定灌水。沙壤土勤灌轻灌，土质黏重加大灌水量、减少灌水次数。

（二）灌水时期与定额

分枝期早熟、中早熟品种干旱时应灌水，中晚熟品种一般不灌，灌则少灌，一般灌水 300~450t/hm²；开花结荚期干旱会严重减产，应勤灌水、多灌水，一般灌水 600~750t/hm²；鼓粒期据降雨量决定是否灌水，干旱年份一般灌水 450~600t/hm²。

（三）灌水方法

灌溉方法因各地气候条件、栽培方式、水利设施等情况而定。灌水效果喷灌好于沟灌，能节约用水 40%~50%。沟灌优于畦灌。有条件的可采用滴灌或地下多孔管渗灌。

五、化控技术（调节剂）的应用

（一）调节剂使用技术

大豆常用的调节剂有两类：一类是改善株型结构，防止徒长倒伏，减少郁蔽和花荚脱落，采用延缓抑制剂进行的调节；另一类是改善植株光合性能，调节体内营养分配，促进产量提高，采用营养促进剂进行的调节。生产上应用的调节剂主要有以下几种。

1. 多效唑

多效唑是一种三唑类植物生长调节剂，具有抑制徒长，促进根系发育，增加根瘤数量，增强抗逆性的作用。此外，多效唑还具有抑制杂草和灭菌的生态效应。在高肥水条件及使用无限结荚习性品种时，增产幅度可达 6.2%~18.3%。

大豆应用多效唑可以采用浸种和叶面喷洒的方法。

浸种方法简单，用量少，但技术要求严格，操作不好会影响出苗。一般用 200mg/kg 多效唑溶液，按溶液与种子重 1：10 的比例浸种。阴干后种皮不皱缩时播种，要求土壤墒情好。

叶面喷洒一般较稳妥，但用工量大，可重点用于高产田控制旺长、防倒伏。在大豆初花期，每公顷喷 150mg/kg 多效唑溶液 750kg（15% 多效唑可湿性粉剂 750g，对水 750kg），在晴天下午均匀喷洒。不重喷，不漏喷，浓度误差不超过 10%。超低量喷雾，每公顷药液量不少于 225kg。若喷后 6h 降雨，要降低一半药量重喷。

多效唑必须在高肥水地块上施用，适当增加密度。在玉米与大豆间作时施用效果好。在有限结荚习性大豆品种上施用，浓度应适当降低。多效唑在土壤中易残留，不能连年使用。若浓度过高，大豆受药害时可喷洒赤霉素，追施氮肥，灌水缓解。

2. 烯效唑

烯效唑也是一种三唑类植物生长调节剂，具有矮化植株，增强抗倒能力，提高作物抗逆性和杀菌等功能。其活性高于多效唑，且不易发生药害，高效、低残留，对大豆安全。试验结果表明，烯效唑在 50~300mg/kg 浓度范围内对大豆均有一定的增产效果，以 150mg/kg 的增产幅度最高，可达 21.6%。

烯效唑宜在肥力水平高，生长过旺的田块使用，以大豆初花期至盛花期叶面喷洒为宜，浓度为 100~150mg/kg。施用烯效唑注意事项与多效唑相同。

3. 维他灵

维他灵是一种以维生素 B 类为主体的农用生化制剂。在大豆上施用能促进根系发育和根瘤形成，增强抗逆性，控制株型，改善大豆田间受光状态，有利于光合作用和生殖生长。黑龙江省试验平均增产 10.4% ~ 14.6%。

维他灵可以与种衣剂混合拌种，也可以叶面喷洒。维他灵 8 号为大豆专用。拌种时，每公顷大豆种子用 375ml 维他灵，与相应种衣剂混匀后进行种子包衣。叶面喷洒的最佳时间是初花期，两次施用效果更好。一般每公顷用 375ml 维他灵，对水 300 ~ 450kg 喷雾。

施用维他灵可与防治病虫、叶面施肥同时进行。维他灵的主要成分是维生素类物质，不含氮、磷、钾等营养元素，不能因施用维他灵后叶色变深而减少施肥量。

4. 三碘苯甲酸

2，3，5-三碘苯甲酸是一种多性能的植物生长调节剂，能抑制细胞分裂，消除顶端优势，增强抗倒能力，减轻花荚脱落。在植株高大，生长势强的中晚熟品种上应用，可增产 10% ~ 20%。

施用三碘苯甲酸以土质肥沃，生长高大、繁茂的豆田或高密度栽培地块为宜。在初花期叶面喷洒，喷施浓度 100 ~ 200ml/kg，每公顷喷液量 375 ~ 450kg。也可在盛花期施用，浓度为 200ml/kg，每公顷喷液量 600 ~ 750kg。在肥水不足，植株生长量小，不存在倒伏可能的地块上不能使用。

5. 亚硫酸氢钠

亚硫酸氢钠是一种光呼吸抑制剂，能降低大豆的光呼吸强度，提高净光合强度。在黑龙江省增产幅度为 5% ~ 15%，提早成熟 2 ~ 5 天。

长势较弱的地块在初花期使用，一般地块在盛花期使用。喷施浓度为 50 ~ 80mg/kg，每公顷喷液量 450 ~ 900kg。在第一次喷施后 7~10 天再喷 1 次，能提高增产效果。喷雾应在晴天上午进行，遇雨应重喷。施用亚硫酸氢钠的浓度不应高于 100mg/kg，否则会降低细胞壁和光合膜的透性。

（二）使用调节剂应注意的问题

使用植物生长调节剂是一项高产稳产新技术，但它不是灵丹妙药，必须以品种为基础，与其他栽培管理措施相配合才能发挥作用。

（1）根据需要选择适宜的调节剂。不同品种、肥力、环境条件和大豆的生育状况，需要调节的目的和要求不同。肥水条件差，长势弱，发育不良的地块，要选用促进型的调节剂。肥水条件好，密度高，长势旺的田块，为了控制徒长，防止倒伏，要选用抑制型的调节剂。干旱、生长不良的情况下切不可使用抑制型调节剂。

（2）严格掌握施用浓度和方法。根据调节剂的种类、使用时期、施用方法和气象条件，确定适宜的浓度，做到严格控制。在施用方法上，首先要选择适宜的时期，如防倒伏以初花期为宜；其次是使用方法应通过试验来确定，与化肥、农药混用，酸碱性不同时不能混用，不同性质的调节剂不能混用。

（3）注意环境因素的影响。用调节剂拌种或浸种时应避免阳光直射，叶面喷洒也应避开烈日照射时间，以 9 时前和 16 时后为宜。叶面喷洒应避开风雨天，喷后 6h 遇雨要重喷。

（4）加强田间管理。如大豆使用多效唑等延缓抑制剂，必须同适时早播，适当增加密度，增加肥水投入，加强中耕除草和病虫害防治相结合，否则会使产量降低。

（5）防止发生药害。要严格控制使用浓度和剂量，把握准使用时期和方法。如果发生药害，要根据药害产生的原因和受害程度采取相应的补救措施。如用错了调节剂，可立即喷大量清水淋洗作物，或用与该调节剂特性相反的调节剂来挽救。已发生药害，在受害较轻时可补施速效氮肥、灌水；受害较重时应抓紧改种其他作物。造成土壤残留的，要用大水冲洗，以免影响下茬作物。

六、病虫草害防治

（一）大豆主要病害的防治

1. 大豆胞囊线虫病

大豆胞囊线虫病俗称"火龙秧子"，是我国大豆生产中普遍发生、为害严重的病害之一。主要分布于东北、华北、山东、江苏、河南、安徽等地，尤其在东三省的干旱、盐碱地区发生严重。一般减产 10%~20%，重者可达 30%~50%，甚至绝产。

胞囊线虫病在大豆整个生育期均可发生，田间常呈点片发黄状。大豆开花前后，病株明显矮化，瘦弱，叶片褪绿变黄，似缺水、缺氮状。病株根瘤少，根发育不良，须根增多，根上有大量 0.5mm 大小的白色至黄白色的球状孢囊（线虫的雌成虫）。病株结荚少或不结荚，籽粒小而瘪。防治措施如下。

（1）大豆胞囊线虫主要以胞囊在土壤中或混杂在种子中越冬，其侵染力可达 8 年。生产中实行水旱轮作或与禾本科作物 3 年以上轮作，是有效的防治措施，且轮作年限越长效果越好。

（2）选种抗线 6、7、8 号，晋遗 30 号，中黄 19，黑河 38，辽豆 13 等抗、耐病品种，可减轻当年受害程度。

（3）加强栽培管理。加强检疫，严防大豆胞囊线虫传入无病区。不在沙壤土、沙土或干旱瘠薄的土壤及碱性土壤种植大豆。增施有机肥或喷施叶面肥，促进植株生长。高温干旱年份适当灌水。

（4）药剂防治。可选用 3% 米乐尔颗粒剂 60~90kg/hm^2、3% 克线磷颗粒剂 4.995kg/hm^2、10% 涕灭威颗粒剂 33.75~75kg/hm^2、5% 甲拌磷颗粒剂 120kg/hm^2 等播种时撒在沟内。也可用含有呋喃丹的种衣剂包衣，对线虫有 10~15 天的驱避作用。

2. 大豆根腐病

大豆根腐病是东北大豆产区的重要根部病害，我国主要分布于东北、内蒙古及西北地区。根腐病是各种根部腐烂病害的统称，由多种土壤习居菌侵染引起，从幼苗到成株均可发生。病菌主要以菌丝、菌核在土壤和病株体内越冬。不同病菌引起的病害症状不尽相同，但共同点是根部腐烂。大豆4~5片复叶期开始在田间点片发病，呈圆形或椭圆形"锅底坑"状分布。因根部受害，病株瘦小、变黄，叶脉绿色但叶片从叶缘向内变黄。严重时根部变褐腐烂，地上部枯死。土壤瘠薄、黏重、通透性差、低洼潮湿发病重，连作年限越长发病越重。防治措施如下。

（1）种子处理。每100kg大豆种子用2.5%咯菌腈（适乐时）悬浮种衣剂600~800ml拌种，或用种子重量0.3%~0.5%的50%多菌灵可湿性粉剂、50%福美双可湿性粉剂拌种。

（2）选地与轮作。选择土壤通透性好、肥沃、排灌良好的地块种植大豆；避免重迎茬，与禾本科作物2年以上轮作。

（3）提高播种质量。选用中黄13号等抗耐病品种大垄栽培。土温稳定在6~8℃时播种，播深不要超过5cm，湿度大时不能顶湿强播。

（4）加强田间管理。雨后及时排除田间积水、深松和中耕培土，勿过多施用氮肥，增施磷肥，及时防治地下害虫及根潜蝇，选用安全性好的除草剂，提高使用技术，减少苗期除草剂药害，减轻发病。

（5）生物防治。用种子重量2%的保根菌拌种，阴干后播种，或用种子重量1%的2%菌克毒克水剂拌种，或用埃姆泌45~75kg/hm^{2}防治。

3. 大豆灰斑病

大豆灰斑病又名蛙眼病，世界各大豆产区均有发生，此病不仅影响产量，病粒还影响籽粒外观，品质变劣，商品豆降等降价。主要危害叶片，也可侵染茎、荚和种子。叶片和种子上产生边缘褐色、中央灰白色或灰褐色、直径1~5mm的蛙眼状病斑，潮湿时叶背病斑中央密生灰色霉层。灰斑病病菌主要以菌丝体在种子或病残体上越冬，病残体为主要初侵染源，条件适宜时易大流行。一般连作、田间湿度大发病重。防治措施如下。

（1）选用抗（耐）病品种。种植晋遗 31 号、吉育 47 号、蒙豆 14 号、合丰 50 等抗病品种是防止病害流行的有效措施。但抗病品种的抗病性很不稳定，且持续时间短。

（2）加强栽培管理。合理轮作，避免重迎茬，合理密植，收获后及时清除病残体及翻耕等措施均可减轻发病。

（3）药剂防治。在发病初期或结荚盛期及时喷药防治。常用药剂有 50%多菌灵可湿性粉剂 1 000 倍液、50%苯菌灵可湿性粉剂 1 500 倍液、65%甲霉灵可湿性粉剂 1 000 倍液等。隔 7~10 天喷药 1 次，连续用药 1~2 次。

4. 大豆褐纹病

大豆褐纹病也叫大豆褐叶病、大豆斑枯病，全国各大豆产区均有发生。东北地区发生普遍，苗期病株率可达 100%。大豆褐纹病从苗期到成株期均可发生，主要危害叶片，病株单叶甚至下部复叶长满病斑，造成层层脱落，对大豆产量影响很大。叶上产生多角形 1~5mm 褐色或赤褐色略隆起病斑，中部色淡，稍有轮纹，上生小黑点，病斑周围组织黄化，多数病斑可汇合成黑色斑块，导致叶片由下向上提早枯黄脱落。一般种子带菌率高，种子带菌导致幼苗子叶发病。连作，温暖多雨，结露持续时间长发病重。防治措施如下。

（1）选用抗病品种。并进行种子处理选用抗病品种可减少产量损失。播前用种重 0.3%的 50%福美双可湿性粉剂或 50%多菌灵可湿性粉剂拌种，或用大豆种衣剂包衣处理。

（2）合理轮作，消灭菌源。与禾本科作物 3 年以上轮作，收获后及时清除病残体并深翻，豆秸若留作烧柴，应在雨季之前烧光。

（3）合理施肥。施足基肥及种肥，及时追肥。生育后期最好喷施多元复合叶面肥，增强抗病性。

（4）药剂防治。发病初期用 25%阿米西达 900~1 200ml/

hm^2、50%多菌灵可湿性粉剂 1.125~1.5kg/hm^2 等对水喷雾，隔7~10 天喷 1 次，连用 2~3 次。也可用 47%春雷霉素可湿性粉剂800 倍液、30%碱式硫酸铜悬浮剂 300 倍液等喷雾，隔 10 天左右喷 1 次，连续用药 1~2 次。

5. 大豆菌核病

大豆菌核病又称白腐病，我国各大豆产区均有发生，是一种毁灭性的茎部病害，苗期至成株期均可发病，黑龙江、内蒙古危害较重。该病主要为害地上部分，花期、结荚后受害重，可产生苗枯、叶腐、茎腐、荚腐等症状。病部初为深绿色湿腐状，潮湿时产生白色棉絮状菌丝体，使病部逐渐变白，最后在受害部内外产生黑色鼠粪状菌核。成株期病株茎秆腐烂，苍白色，易折断，髓部中空，内有黑色鼠粪状菌核。防治措施如下。

（1）减少越冬菌源。病菌主要以菌核在土壤中、病残体内或混杂在种子中越冬，以初侵染为主，再侵染机会少。病菌不侵染禾本科植物，因此与禾本科作物 3 年以上轮作，是防病的有效措施。汰除混杂在种子中的菌核；避免在豆田周围或邻近种植向日葵、油菜等；大豆出苗后及时中耕培土，秋季深翻将菌核埋入 3cm 以下土壤使其不能萌发。

（2）选种抗、耐病良种。选用株型紧凑、尖叶或叶片上举、通风透光性能好的耐病品种。

（3）药剂防治。发病前 10~15 天或发病初期可选用 40%菌核净可湿性粉剂 800~1 200 倍液、50%速克灵（腐霉利）可湿性粉剂 2 000 倍液、50%扑海因（异菌脲）可湿性粉剂 1 000~1 500 倍液，隔 7~10 天喷 1 次，连用 2~3 次。喷药重点是近地面的花、幼荚等部位。

6. 大豆霜霉病

大豆霜霉病在我国各地普遍发生，东北、华北等冷凉多雨地区发病较重，造成早期落叶、百粒重降低，籽粒含油率和发芽率降低。大豆各生育期均可发生，主要为害叶片和籽粒。带菌种子长出的幼苗，真叶和复叶从叶基部开始沿叶脉出现褪绿大斑块，后全叶变褐枯死。叶片上再侵染可引起边缘不明显、散生的褪绿小点，后扩大成多角形、黄褐色病斑。潮湿时叶背均产生灰白色霉层。病荚内有大量杏黄色粉状物，病籽粒色白、无光泽，表面有一层黄白色粉末。大豆生长季节冷凉（10~24℃）高湿有利于病害发生流行。防治措施如下。

（1）选用抗病品种。推广吉育47号、蒙豆14号等抗病品种。

（2）选用无病种子，进行种子处理。带菌种子是最主要的初侵染源，应选无病田留种并精选种子。播种前用种子重量0.3%的35%甲霜灵（瑞毒霉）可湿性粉剂，或用种子重量0.3%的80%克霉灵可湿性粉剂拌种。

（3）合理轮作，铲除病苗。病菌可以卵孢子在病残体上越冬，轮作或清除病残体可减轻发病。结合田间管理铲除病苗，减少再侵染。

（4）药剂防治发病初期，可选用25%甲霜灵（瑞毒霉）可湿性粉剂800倍液、58%甲霜灵锰锌可湿性粉剂600倍液、69%烯酰吗啉（安克锰锌）可湿性粉剂900~1 000倍液喷雾防治。隔7~10天喷1次，连防2~3次。

7. 大豆菟丝子

大豆菟丝子又叫黄丝子、黄丝藤、金线草、黄豆丝、无根草和豆寄生等，为寄生性种子植物，在我国各大豆产区分布普遍，东北、山东等地危害严重。大豆菟丝子以丝状茎蔓缠绕大豆，并产生吸盘伸入大豆茎内吸取养分，被害植株矮小，茎叶变黄，结荚少，籽粒不饱满，严重时全株萎黄甚至枯死。菟丝子与大豆同时或稍早成熟，种子成熟后大部分落入土中，少部分混入大豆种子或粪肥中。菟丝子种子在土壤内可保持发芽率5~7年，且抗逆性很强。低洼地及多雨潮湿天气，菟丝子危害重。防治措施如下。

（1）严格种子检疫和精选种子。菟丝子为检疫对象，调种时应严格检查，防止传入新区。菟丝子种子小，千粒重仅 1g 左右，通过筛选、风选等均能清除混杂在豆种中的菟丝子种子。

（2）合理轮作。菟丝子种子量大，未完全成熟的种子也能萌发。但菟丝子出土后长到 5cm 内遇不到寄主即死亡，且菟丝子不能寄生在禾本科作物上，因此与禾本科作物 3~5 年轮作，可减轻危害。

（3）宽行条播。菟丝子出苗后 2~3 天，若找不到合适的寄主就会死亡。因此，可采用宽行条播种植，降低菟丝子幼苗成活率，减轻危害。

（4）施用腐熟有机肥。菟丝子种子经过畜禽消化道后仍有生命力，含有菟丝子的畜禽粪肥必须充分腐熟后才能施入豆田。

（5）及时拔除病株。大豆出苗后，若发现有菟丝子缠绕在植株上，在菟丝子种子形成前拔除病株，清除残体。

（6）深翻土壤。由于菟丝子幼苗出土能力弱，种子在土表 5cm 以下很难萌发出土。深耕 10cm 以上，可将土表的菟丝子种子深埋入土。

（7）生物防治。用生物制剂鲁保一号（含活孢子 15 亿/g）菌剂 7.5~1.2kg/hm²，加水 1 500kg，在菟丝子幼苗期喷雾，隔 5~7 天防治 1 次，连续 2~3 次。施药最好在阴天或傍晚进行，田间温度 25~27℃、相对湿度 90% 为宜。

（8）药剂防治。可在大豆播前、播后苗前或苗后用除草剂防除。

①播后苗前土壤处理。用 72% 异丙甲草胺乳油 2 250ml/hm²，对水 450~750kg，在大豆播前或播后苗前将药液喷施于土表。天气干旱土壤墒情差时，施药后立即浅耙松土，把药物混入 2~4cm 土层中，然后播种。也可用 50% 乙草胺 1 500ml/hm²，对水 450~600kg，在大豆播后苗前均匀喷雾，进行土壤封闭。

②苗后茎叶处理。用 41% 农达 400 倍液或 10% 草甘膦 100 倍液，在菟丝子危害大豆初期，喷洒被害的大豆植株。药液最好只喷施在有菟丝子寄生的植株上，否则易产生药害。

（二）大豆主要虫害的防治

1. 大豆食心虫

大豆食心虫又称大豆蛀荚蛾、小红虫，是我国北方大豆产区的重要害虫，主要以幼虫蛀荚为害豆粒，对大豆的产量、质量影响很大。食心虫成虫为暗褐色小蛾子，体长 5~6mm。前翅暗褐色，前缘有 10 条左右黑紫色短斜纹，外缘内侧有一个银灰色椭圆形斑，斑内有 3 个紫褐色小斑。低龄幼虫黄白色，老熟幼虫鲜红色或橙红色。大豆食心虫在我国各地 1 年发生 1 代，以末龄幼虫在大豆田的土壤中作茧越冬。成虫有弱趋光性，飞翔力弱，下午在豆株上方成团飞舞。在 3~5cm 长的豆荚、幼嫩豆荚、荚毛多、荚毛直立的品种豆荚上产卵多，极早熟或过晚熟品种着卵少，初孵幼虫在豆荚上爬行数小时后便蛀入荚内，并将豆粒咬成兔嘴状缺刻。防治措施如下。

（1）农业防治。选用抗（耐）虫品种，宜选用无荚毛或荚毛弯曲、成熟期适中的抗虫品种如吉育 47 号等，可有效减轻为害。大豆与甜菜、亚麻或玉米、小麦等禾本科作物 2 年以上轮作，最好不要与上年种植大豆的田块邻作；大豆收获后及时深翻，可增加越冬幼虫死亡率。适当提前播种，可减少豆荚着卵量，降低虫食率。

（2）生物防治。在成虫产卵盛期释放赤眼蜂，放蜂量为 30 万~40.5 万头/hm²，可消灭大豆食心虫卵。

（3）药剂防治成虫成虫在田间"打团"飞舞时即为防治适期。可选用 2.5% 敌杀死乳油 405~600ml/hm²、20% 灭扫利乳油 450ml/hm²、48% 乐斯本（毒死蜱）乳油 1 200~1 500ml/hm² 等喷雾防治。喷药时，将喷头朝上，从根部向上喷，使下部枝叶和上部叶片背面着药。大豆封垄后，用长约 30cm 的玉米秸等两节为一段，去皮的一节浸足敌敌畏药液，每隔 4 垄、在垄上间距 5m 将药棒留皮的一端均匀插在垄台上，需药棒 600~750 根/hm² 熏蒸杀死成虫。

2. 大豆蚜虫

大豆蚜虫俗称腻虫，繁殖力强，1 头雌蚜可繁殖 50~60 头若蚜，若蚜在气候适宜时，5 天即能成熟进行生殖。1 年可在大豆上繁殖 15 代。以成蚜和若蚜集中在豆株的顶叶、嫩叶、嫩茎刺吸汁液，严重时布满茎叶，幼荚也可受害。豆叶被害处叶绿素消失，形成鲜黄色的不规则黄斑，继后黄斑逐渐扩大，并变为褐色。受害严重的植株，叶卷缩，根系发育不良，发黄，植株矮小，分枝及结荚减少，百粒重降低，苗期发生严重时可使整株死亡。大豆蚜虫经常发生为害，干旱年份大发生时为害更为严重，如不及时防治，轻者减产 20%~30%，重者减产 50% 以上。防治措施如下。

（1）种子处理。用含有内吸性杀虫剂的种衣剂包衣，对控制苗期蚜虫为害有一定作用。

（2）农业防治。选用抗蚜品种，及时铲除田边、沟边杂草，减少虫源。

（3）生物防治。大豆蚜的天敌种类较多，可保护和利用瓢虫、草蛉、食蚜绳、小花蝽、蚜茧蜂、瘿蚊、蜘蛛、蚜毒菌等天敌来控制蚜虫。

（4）药剂防治。播种前先开沟，沟施 3% 呋喃丹颗粒剂 30kg/hm^2，盖少量土后再播种，可兼治多种地下害虫和苗期害虫。田间有蚜株率超过 50%，且高温干旱，应及时防治。常用药剂有：50%辟蚜雾可湿性粉剂 1 500 倍液、10% 吡虫啉 1 000 倍液、2.5%鱼藤酮乳油 500 倍液喷雾，药剂应轮换使用。

3. 大豆根潜蝇

大豆根潜蝇又名豆根蛇潜蝇、大豆根蛆，主要分布于黑龙江、吉林、辽宁、内蒙古自治区，是我国北方大豆产区的重要害虫。大豆根潜蝇 1 年发生 1 代，成虫为体长 2.2~2.4mm 的黑色小蝇子，复眼大、暗红色，触角具芒状。翅有紫色闪光，翅脉上有毛。幼虫为长约 4mm 的乳白色至浅黄色小蛆，体圆筒形，半透明。成虫舔吸豆苗叶片的汁液，使叶面出现很多密集透明的小孔；幼虫钻蛀为害幼根，形成 3～5cm 长的隧道，并使被害根变粗、变褐或纵裂，从而形成"破肚"现象，伤口导致根部侵染性病害发生。受害大豆幼苗植株矮小、叶色变黄。防治措施如下。

（1）农业防治。大豆根潜蝇为单食性害虫，只为害大豆和野生大豆，且飞翔力弱，成虫取食大豆叶片的汁液补充营养，因此轮作换茬可减轻为害。大豆收获后深翻，能把蛹埋入较深土壤中，降低成虫羽化率。秋耙地，可破坏大豆根潜蝇的越冬场所，并将部分土壤中越冬的蛹带到地表，增加死亡率。培育壮苗，提高耐害力适期早播，施足基肥，增施磷钾肥，加快大豆幼苗生长发育速度，提高根部木质化程度，使大豆幼苗期躲过幼虫盛发期，减轻受害程度。

（2）种子处理。用含有呋喃丹（克百威）的种衣剂包衣，如用种子重量 1%～1.5% 的 35% 多克福悬浮种衣剂包衣，也可用 40% 乐果乳油 700ml 加水 4 000～5 000ml，喷拌 100kg 大豆种子。

（3）药剂防治。用 3% 呋喃丹颗粒剂、10% 涕灭威颗粒剂撒入播种穴或播种沟内，用药量 15～33.75kg/hm^2，然后播种；防治幼虫用 80% 敌敌畏乳剂 800～1 000 倍液、40% 乐果乳油 1 000 倍液喷雾或灌根；在成虫盛发期，即大豆长出第一片复叶前，子叶表面出现黄斑，目测田间出现成虫时，药剂喷雾防治成虫。

（三）大豆化学除草

大豆田常见的主要禾本科杂草有马唐、牛筋草、狗尾草、稗草和野燕麦等，阔叶杂草有反枝苋、皱果苋、铁苋菜、龙葵、马齿苋、苍耳、鸭跖草、苘麻、藜及刺儿菜等。

1. 播前土壤处理

大豆田播种前土壤处理多采用混土处理方法，其优点是可防止挥发性和易光解除草剂的损失，在干旱年份也可达到较理想的防效，并能防治深层土中的一年生大粒种子的阔叶杂草，在东北地区由于气温低也可于上年秋季施药。操作时混土要均匀，混土深度要一致，土壤干旱时应适当增加施药量。可选用的除草剂如下。

（1）氟乐灵。主要用于防除禾本科杂草和一部分小粒种子的阔叶杂草。一般在播前 5~7 天用药，春大豆也可在去年秋天用药，48%氟乐灵用量为 1.65~2.6L/hm²，施药后 2 天内及时混土 5~7cm。

（2）灭草猛（卫农）。主要用于防除一年生禾本科杂草和部分阔叶杂草，88%灭草猛乳油用量为 2.6~4.0L/hm²，混土5~7cm。

（3）地乐胺。主要用于防除禾本科杂草和部分阔叶杂草，48%地乐胺乳油用量为沙质土 2.25L/hm²、壤质土 3.45L/hm²、黏土 4.5~5.6L/hm²，混土 5~7cm。

2. 播后苗前土壤处理

（1）防除禾本科杂草。可选用的除草剂有：50%乙草胺乳油 2.25~3L/hm²，沙质土壤及夏大豆田可适当降低用量；72%异丙甲草胺乳油 1.5~2.7L/hm²；48%甲草胺（拉索）乳油 4.5~7.0L/hm²；72%异丙草胺（普乐宝）乳油 1.5~2.7L/hm²。

（2）防除阔叶杂草。可选用的除草剂有：80%茅毒可湿性粉剂 2.25~2.7kg/hm²；50%速收可湿性粉剂 0.12~0.18kg/hm²。

（3）防除阔叶杂草和禾本科杂草。常用的除草剂有：50%嗪草酮可湿性粉剂 1.05~1.5kg/hm²，土壤有机质含量低于 2%的土壤和沙质土不能应用；50%广灭灵乳油 2.25~2.5L/hm²；5%普施特水剂 1.5~2.0L/hm²，因对下茬油菜、水稻、甜菜和蔬菜等极易产生药害，在夏大豆种植区不宜应用。

此外，大豆田化学除草的土壤处理多以混用为主，常用的混用组合有：乙草胺+嗪草酮、氟乐灵+嗪草酮、拉索+嗪草酮、都尔+嗪草酮、广灭灵+嗪草酮、氟乐灵+广灭灵、氟乐灵+普施特、氟乐灵+茅毒、草猛+嗪草酮、乙草胺+广灭灵、乙草胺+普施特、都尔+普施特、都尔+广灭灵、乙草胺+速收、都尔+速收以及氟乐灵+速收等。

3. 苗后茎叶处理

（1）防除禾本科杂草。常用的除草剂有：20%拿捕净 1.5～2.0L/hm²；12.5%盖草能乳油 0.75～1.0L/hm² 或 10.8%高效盖草能乳油 0.375～0.525L/hm²；15%精稳杀得乳油 0.75～1.2L/hm²；10%禾草克乳油 0.75～1.2L/hm² 或 5%精禾草克乳油 0.45～0.9L/hm²；7.5%威霸浓乳剂 0.45～0.75L/hm²；12%收乐通乳油 0.525～0.6L/hm² 以及 4%喷特乳油 0.6～1.0L/hm²。上述药剂均于杂草 3～5 叶期喷施。

（2）防除阔叶杂草。常用的除草剂有：21.4%杂草焚水剂 1.0～1.5L/hm²；25%虎威水剂 1.0～1.5L/hm²；48%苯达松水剂 1.5～3.0L/hm²；44%克莠灵水剂 1.5～2.0L/hm²；24%克阔乐乳油 0.4～0.5L/hm²；10%利收乳油 0.45～0.675L/hm²。上述药剂均需在大豆 3 片复叶前、杂草 2～4 叶期用药。

第五节　大豆收获储藏技术

一、收获时期

大豆收获过早，籽粒尚未充分成熟，百粒重、蛋白质、脂肪含量均低；收获过晚，会造成炸荚落粒，品质下降。适宜收获时期因收获方法不同而异。直接收获的最适宜时期是在完熟初期，此时大豆叶片全部脱落，茎、荚和籽粒均呈现出原品种的固有色泽，籽粒含水量在 20%～25%，用手摇动会发出响声。分段收获可提前到黄熟期，此时大豆已有 70%～80%叶片脱落，籽粒开始变黄，部分豆荚仍为绿色，是割晒的最适时期。过早茎、叶含水量高，青粒多，易发霉；过晚则失去了分段收获的意义。

二、收获方法

（1）直接收获。就是用联合收割机直接收获。要求割茬高度以不留底荚为度，一般为 5cm，综合损失不超过 4%，收割损失不超过2%，脱粒损失不超过2%，破碎粒不超过3%。

（2）机械分段收获。就是先用割晒机或经过改装的联合收获机，将大豆割倒放铺，晾干后再用联合收获机拾禾脱粒。分段收获与直接收获相比，具有收割早、损失率低、破碎粒和"泥花脸"少等优点。要求综合损失不超过3%，拾禾脱粒损失不超过2%，收割损失不超过1%。割后晒5~10天，种子含水量在15%以下时，及时拾禾。

（3）人工收割。人工收割应在午前植株含水量高，不易炸荚时进行。要求割茬低，不留荚，放铺规整，及时拉打，损失率不超过2%。

三、安全储藏

大豆籽粒储藏前必须充分晾晒，使含水量低于12%~13%时，再入仓储藏。储藏的最适宜温度为3~10℃，种子含水量高，储藏温度不应超过5℃。种子含水量13%以下时，可以冷库储藏，库藏最好用麻袋包装堆放，堆高不超过8层麻袋高。露天储藏要堆底垫好防潮，堆顶苫盖，防止雨淋，防鼠。

第六章　甘　薯

　　甘薯在中国种植的范围很广泛，南起海南省，北到黑龙江省，西至四川西部山区和云贵高原，均有分布，以淮海平原、长江流域和东南沿海各省最多。根据甘薯种植区的气候条件、栽培制度、地形和土壤等条件，一般将我国的甘薯栽培划分为五个栽培区域。

　　北方春薯区。北纬41°左右，无霜期较短，只能种一季春薯，包括辽宁、吉林、黑龙江中部、河北、陕西北部等地。该区无霜期短，低温来临早，多栽种春薯。春薯常与玉米、大豆、马铃薯等轮作。本区5月下旬种植，9月下旬至10月初收获，生长期130~140天。

　　黄淮流域春夏薯区。属季风暖温带气候，栽种春夏薯均较适宜，种植面积约占全国总面积的40%，山东、河北、河南、安徽等省为主产地。该区气候温和，年无霜期平均为210天。夏薯在麦类、豌豆、油菜等冬季作物收获后栽插，以两年三熟为主。春薯于4月下旬至5月中旬栽植，10月上旬至10下旬收获，生长期150~180天。

　　长江流域夏薯区。除青海和川西北高原以外的整个长江流域。该区无霜期平均为260天。夏薯于4月下旬栽插，生长期140~170天。

　　南方夏秋薯区。北回归线以北，长江流域以南，主要包括福建、江西、湖南三省的南部，广东和广西壮族自治区（以下简称广西）的北部，云南省中部和贵州的南部，以及中国台湾嘉义以北的地区。属季风副热带的湿润天气，全年无霜期290~350天，年平均气温18~23℃。夏薯一般在5月间栽插，8—10月收获，秋薯一般在7月上旬至8月上旬栽插，11月下旬至12

月上旬收获，甘薯生长期在 120~150 天。除种植夏薯外，部分地区还种植秋薯。

南方秋冬薯区。北回归线以南的沿海陆地，包括海南全省、广东、广西、云南以及中国台湾的南部。属热带季风湿润气候，无霜期 325~365 天，年平均气温 18~25℃，主要种植秋、冬薯。秋薯一般在 7 月上旬至 8 月中旬栽插，11 月中旬至 12 月上旬收获，生长期 120~150 天。秋薯也可以越冬栽培，延迟到翌年春收获，成为冬薯。而冬薯一般在 11 月栽插，翌年 4—5 月收获，生长期 170~200 天。

甘薯品种颇多，形状有纺锤、圆筒、椭圆、球形之分；皮色有白、淡黄、黄、红、紫红色之别；肉色有黄、杏黄、紫红色诸种。甘薯营养丰富，既是香甜可口的美味蔬菜，又有较高的药用价值。甘薯含有膳食纤维、胡萝卜素、维生素 A、维生素 B、维生素 C、维生素 E 及钾、铁、铜、钙等，营养价值很高，是世界卫生组织评选出来的"十大最佳蔬菜"的冠军。甘薯含热量非常低，是一种理想的减肥食品。它还有保健的作用，能够抗癌、抗衰老、抑制胆固醇、降血脂及增强免疫力等。中医学认为，甘薯"补虚乏，益气力，健脾胃，滋肺肾，功同山药，久食益人，为长寿之食"，甘薯也被人们誉为"长寿食品"。此外，甘薯还作为工业原料，广泛运用于食品、医药、化工、印染、造纸等行业。

第一节　甘薯栽培基础

一、甘薯的一生

（一）植物学特征

1. 根

甘薯的根因繁殖方法不同，分为以下几种。

（1）种子繁殖。采用种子繁殖时，种子萌发，胚根最先突破种皮，向下生长形成主根，主根上再长侧根，有主根和部分侧根发育成块根。

（2）营养器官繁殖。由甘薯的块根、茎、叶柄等长出的根都是不定根，不定根可以分化发育成纤维根、牛蒡根和块根三种形态的根（图6-1）。

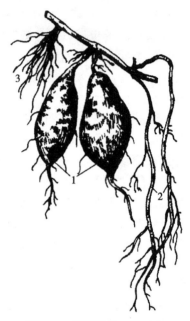

图6-1 甘薯根的三种形态

1. 块根；2. 牛蒡根；3. 纤维根

①纤维根。也称细根，须根，呈纤维状，长短不一，生长有很多根毛，是吸收水分和养分的主要器官。纤维根主要分布在30cm左右的土层内，深的入土可达1m左右。如果土层水分过多或施用氮肥过量，须根大量生长，会造成茎叶旺长，使地上部分和地下部分生长失调而造成减产。

②牛蒡根。又称柴根、梗根或粗根，为直径0.2~1.0cm的肉质根，长30cm，形状细长，粗细均匀，表面粗糙，主要是由

于幼根发育过程中遇到不利于块根形成和肥大的条件，如高温、干旱、过湿等，使组织老化，中途停止膨大而形成的。牛蒡根消耗养分，无经济价值，栽培时应控制其产生。

③块根。也称储藏根，所处条件好、分化发育早的不定根，则可能膨大成块根。块根是甘薯植株储藏营养物质的器官，所储物质主要成分是碳水化合物和水分，此外还有蛋白质、灰分和多种维生素。块根主要生长在 5~25cm 的土层内。块根表面常有纵沟和根眼，不定芽从根眼处长出，可利用其发芽习性进行育苗繁殖。因此，块根又是营养繁殖器官，甘薯种一般指的是甘薯的块根。

甘薯块根由皮层、内皮层、维管束环、原生木质部、后生木质部组成。

甘薯的形状、皮色因品种、气候、土质而不同。块根的形态变异很大，形状有纺锤形、圆筒形、椭圆形、球形、块状形等（图6-2）。薯块表面有的光滑、有的粗糙，也有的带深浅不一的小沟。块根皮色有白、淡黄、黄、红、褐、紫等多种。块根肉色有白、黄白、橘黄、橘红或带有紫晕等。肉色深浅和胡萝卜素含量高低有密切关系，含量高的肉色较深。块根的皮色、肉色是鉴别品种的重要特征。

图6-2　甘薯块根的形状

1. 纺锤形；2. 圆筒形；3. 椭圆形；4. 球形；5. 块状形

2. 茎

甘薯的茎是输导养料和水分的器官，同时也是繁殖器官。甘薯的茎细长蔓生，主蔓生出多条分枝，粗 0.4～0.8cm。品种和栽培条件不同，茎的长度、颜色、粗细、节间长短、分枝等也不同。甘薯的茎短的不足1m，长的能超过7m。肥水充足，茎较长；反之较短。茎色分为绿色、紫色、褐色、绿中带紫色。甘薯的茎分为匍匐型、半直立型。大部分品种的茎匍匐地面生长，称为匍匐型或重叠型；少数品种茎叶半直立生长，比较疏散，这类品种的株型称为半直立型或疏散型。长蔓品种一般匍匐性强、分枝少；短蔓品种半直立性强、分枝多。茎上有节，节间长短与蔓的长度有关，一般长蔓品种节间长，短蔓品种节间短。茎的皮层部分有乳管，能分泌白色的乳汁，乳汁多的茎粗壮。茎的节间处有腋芽，腋芽伸长长成分枝。茎节内根原基发育不定根，生产上就是利用这种再生能力进行繁殖的。

3. 叶

甘薯的叶为单叶互生，只有叶片和叶柄而无托叶。

品种不同叶片的形状也不同，有心脏形、肾形、三角形、掌状形等（图6-3）。叶缘有全缘、带齿、深复缺刻、浅复缺刻、深单缺刻和浅单缺刻。有些品种在一株上有两种或两种以上的叶形。叶色有深浅不等的绿色、褐色和紫色；顶叶颜色有浅绿、绿、褐、紫色等。叶脉呈掌状，颜色有绿、浅绿、紫、红色等。叶柄基部的颜色有绿、紫、褐色等。顶叶色、叶脉色、叶柄基色等是鉴别品种的重要特征之一。

4. 花、果实、种子

甘薯是异花授粉作物，花单生或若干朵集成聚伞花序，生于叶腋和叶顶。花型如漏斗状，颜色有淡红色或紫红色，形状似牵牛花。有雄蕊5个，花丝长短不一，花粉囊分为两室。雌蕊1个，柱头球状分二裂（图6-4）。我国北纬23°以南，一般品种能自然开花，在我国北方则很少自然开花。

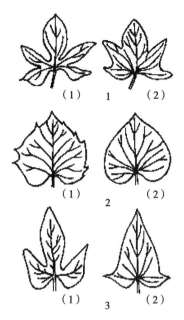

图 6-3 甘薯的叶形

1. 掌状形：（1）深复缺刻；（2）浅复缺刻
2. 心脏形：（1）带齿；（2）全缘
3. 三角形或戟形：（1）深单缺刻；（2）浅单缺刻

果为圆形或扁圆形蒴果，每个果有种子 1~4 粒。种子为褐色或黑色，种皮角质，坚硬不易透水（图 6-5）。

（二）生育期

甘薯的生育期是指从栽插到收获的天数，称为当地的甘薯生长时期或自然生育期。我国华北地区春薯生育期一般为 150~190 天，夏薯一般为 110~120 天；长江流域夏薯生育期为 140~170 天；南方秋薯生育期为 120~140 天。

（三）生育时期

根据甘薯品种特性、生长发育的特征及栽培管理的特点，将甘薯的生长发育划分为生长前期、生长中期、生长后期 3 个

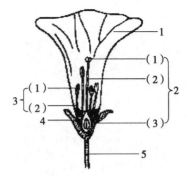

图 6-4　甘薯花器的剖面

1. 花冠；2. 雌蕊：（1）柱头；（2）花柱；（3）子房

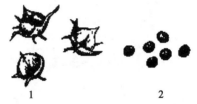

1　　　　　　　　　　2

图 6-5　甘薯的果实与种子

1. 果实；2. 种子

生育时期。

1. 生长前期

指从栽插到封垄阶段，亦称为发根分枝结薯期。此阶段在北方产薯区，春薯经历 60~70 天，南方的春薯和北方的夏薯经历 40~50 天，南方的夏薯约 35 天。

根系是此时期的生长中心。薯苗栽插后，地下部发根，地上部新生叶展开，植株开始独立生长时，称缓苗。随后主蔓腋芽生新叶，形成分枝，主茎由直立转匍匐，迅速生长、甩蔓，到封垄期，即茎叶覆盖全田时，地下形成块根雏形，单株有效薯块数基本稳定。甘薯在缓苗后相当长的时期内，茎叶生长较慢，以纤维根为主的根系生长较快；其后，茎叶生长转快，叶面积逐步扩大，同化产物增多，块根膨大，并开始积累养分，是决定块根数的重要阶段。此期末薯块的数量已基本确定，根数达到总根数的 70%~90%，分枝数达到总数的 80%~90%。

2. 生长中期

从茎叶封垄到茎叶生长衰退前的阶段，也叫薯蔓并长期。春薯历时 45 天，一般为栽后 70~120 天，即 7 月上旬至 8 月下旬；夏薯历时约 30 天，一般为栽后 40~70 天，即 8 月上旬至 9 月上旬。

此时期以茎叶生长为主，生长速度达到最高峰，地上干重达到最大，生长量占整个生长期重量的 60%~70%，而块根生长较慢。此时期气候条件一般高温、多雨、光照少，同化产物多分配于地上部分，故茎叶生长较快，而块根膨大较慢。本期末，叶面积系数达 3~5，是茎叶与块根并长，养分制造与积累并进阶段。

3. 生长后期

从茎叶生长开始衰退到收获阶段，也称薯块盛长期。春薯历时 60 天左右，一般在 8 月下旬以后；夏薯历时约 30 天，一般在 9 月上旬以后。

此时期以块根生长为主，是决定产量的关键时期。此期甘薯茎叶生长变慢，叶色转淡，黄叶、落叶增多，茎叶重降低，大量同化产物向地下部输送，块根膨大进入盛期，增重量相当于总薯重的 40%~50%，高的可达 70%，薯块里干物质的积蓄量明显增多，品质显著提高，薯块大小及单薯重量最终确定。到 10 月上旬后，随着气温的下降，块根膨大也变慢。

由于植株的地上部与地下部是处于不同部位的统一体，上部茎叶的生长繁茂程度，决定于根系吸收养料的供应。地下部薯块产量的高低，又依赖于地上部茎叶光合产物的输送和积累程度。总之，各阶段相互交替，很难截然开开。每个阶段时间长短各薯区不尽相同，故上述 3 个阶段的划分不是绝对的。

二、甘薯生长发育需要的环境条件

(一)温度

甘薯喜温而对低温和霜冻敏感。适宜栽培于夏季平均气温22℃以上、年平均气温10℃以上、全生育期有效积温3 000℃以上、无霜期不短于120天的地区。薯苗发根的最低温度为15℃,适温为17~18℃;茎叶生长最适温度为25~28℃,15℃停止生长,20℃生长缓慢,30℃生长迅速,超过35℃生长缓慢;块根形成和膨大的适宜土温为20~25℃。

在适宜的范围内,温度越高生长越快。尤其在地温22~24℃时,初生形成层活动较强,中柱细胞木质化程度小,有利于块根形成和膨大,有利于提高产量,并且含糖量有增加的趋势。低于10℃时,块根易受冷害。另外,在块根膨大的适宜温度范围内,昼夜温差大能加速光合产物的运转,利于块根积累养分和加速膨大,温差12~14℃时,块根膨大最快,同时温差有利提高块根质量,生产上起垄目的就在于扩大温差。

(二)光照

甘薯属于喜光短日照作物。充足光照能提高光合作用强度,增加光合产物积累。同时,充足的光照还能提高土温,扩大昼夜温差,有利于块根的形成和膨大。光照不足,光合强度下降,块根产量和出干率下降。

除光照强度外,光照长短对甘薯的生长发育也有影响,延长光照时间,有利于茎叶生长,薯蔓变长,分枝增长,也有利于块根的生长。最适宜于块根形成和膨大的日照长度为12.4~13.0,能促进块根形成和加速光合产物的运转;短于8则促进甘薯现蕾开花,而不利于块根的膨大。

甘薯不耐荫蔽,如与高秆作物间套种,易减产,所以不宜在甘薯地间套种高秆作物。

(三)水分

甘薯是耐旱作物,其根系发达,吸水力强。蒸腾系数在

300~500，低于一般旱田作物。在整个生长过程中，土壤水分以田间最大持水量的60%~80%适宜于茎叶生长和块根形成与膨大。

生长前期，即发根分枝结薯期，虽然薯苗小，但蒸发量大，薯苗易失去水分平衡，如土壤干旱，薯苗发根迟缓，茎叶生长差，根体木质化程度高，不利于块根的形成，易形成柴根。此期土壤水分以土壤最大持水量的60%~70%为宜。

生长中期，即蔓薯并长期，茎叶生长迅速，叶面积大量增加，气温升高，蒸腾旺盛，是甘薯耗水量最多的时期，也是供水状况影响茎叶生长与块根养分积累的协调时期。供水不足，容易早衰，产量低；水分过多，茎叶徒长，根体形成层活动弱，影响块根形成和膨大。故这一时期土壤持水量应保持土壤最大持水量的70%~80%为宜。

生长后期，即薯块盛长期，气温逐渐降低，耗水减少，土壤持水量一般为土壤最大持水量的60%左右为宜，有利块根快速膨大。

生长期降水量以400~450mm为宜。收获前2个月内雨量宜少，此期若遭受涝害，产量、品质都受影响。

（四）土壤

甘薯的适应能力很强，对土壤的要求不甚严格。但若要获得高产、稳产，栽培时应选择沟渠配套、排灌方便、地下水位较低、耕层深厚、土壤结构疏松、通气性好、无病虫害、无污染的中性或微酸性沙壤土或壤土为宜。对于不符合上述要求的土壤要积极创造条件改良土壤，要进行培肥地力、保墒防渍、深耕垄作等。

甘薯对土壤的酸碱度要求不严格，pH值4.2~8.5范围均可生长，而以5~7最为适宜。

（五）养分

甘薯虽有耐瘠的特性，但其生长期长，吸肥能力强，消耗土壤中的养分也多。甘薯对肥料的要求，以钾肥最多，其次为氮肥，磷肥最少。据研究每产 1 000 kg 鲜薯，需氮（N）3.72kg、磷（P_2O_5）1.72kg、钾（K_2O）7.48kg，氮、磷、钾之比约为 2∶1∶4。

钾肥可以促进块根形成层的发育，提高茎叶的光合效能，加快光合产物的运转，增加块根产量。氮肥促进茎叶生长，增大叶面积，增加茎叶重量；但施用过多，会促使根部中柱细胞木质化，不结或少结块根。磷肥促进根系生长，加速细胞分裂，并有改善块根品质的功能。

甘薯喜钾，增施钾肥对产量和品质均有明显作用。甘薯苗期吸收养分少，从生长前期到中期，吸收养分速度加快，吸收数量增多，接近后期逐渐减少，至生长后期，氮磷的吸收量下降，而钾的吸收量保持较高水平。

甘薯对氮素的吸收在生长的前、中期速度快，需量大，茎叶生长盛期吸收达到高峰，后期茎叶衰退，薯块迅速膨大，对氮素吸收速度变慢，需量减少。

甘薯对磷素的吸收随着茎叶的生长逐渐增大，到薯块膨大期吸收量达到高峰。

甘薯对钾素的吸收随着茎叶的生长逐渐增大，薯块盛长期达到最高峰，从开始生长到收获比氮、磷都高。

甘薯忌氯，施用含氯化肥超过一定量时，会降低薯块淀粉含量，且薯块不耐储藏。

三、甘薯的产量形成与品质

（一）产量形成

产量（kg/hm²）= 每公顷株数×单株薯块数×单薯重

单位面积的株数主要取决于栽秧密度。栽秧密度在影响单位面积株数的同时，也会影响单株结薯数和单薯重，对单薯重的影响最显著。密度增大，单薯重降低；密度减小，单薯重增加。因此，为了获得甘薯高产必须协调好单位面积的株数和单薯重的关系，做到合理密植。单株结薯数主要取决于甘薯生长前期植株的生长状况。单株结薯数与甘薯幼根初生形成层的活动能力和中柱鞘细胞的本质化程度密切相关。幼根初生形成层的活动能力强、中柱鞘细胞的本质化程度低，有利于块根的形成，增加单株结薯数。甘薯单株的结薯数与品种特性和环境条件都有关系，其中环境条件对单株结薯数的影响较大。首先是温度，地温在 21~29℃，地温越高，块根形成越快、数量越多。其次是营养状况，据日本学者研究，施氮肥可使甘薯根系中的含氮量增加，降低根系中醇溶性碳水化合物的含量，因而推迟块根的形成，减少了块根的数量。另外，钾营养状况、土壤通气性和光照等也影响结薯数量。

薯块的大小即单薯重主要取决于甘薯生长中、后期植株的生长状况。薯块的大小与甘薯幼根次生形成层的活动能力和分布范围有关。幼根次生形成层的活动能力强、分布范围广，有利于块根膨大，形成的薯块较大。单薯重与品种特性和环境条件有关。王树钿等（1981）指出，在沙土地中，甘薯块根的次生形成层出现早，而且薄壁细胞数量多，细胞内淀粉粒多、淀粉粒直径大，薯块大，产量高。许多研究表明，增施钾肥可增加干物质向块根的分配比例，促进块根迅速膨大，提高单薯重。

（二）甘薯的品质

根据甘薯的品质特点和用途，将甘薯品种分为 3 个类型：高淀粉型，高糖、高维生素型，高淀粉、高饲料转化率型。

1. 高淀粉型品种

高淀粉型品种的品质特点是：块根产量高、出干率高、淀粉含量高，淀粉白、加工品质好。这类品种的主要用途是生产淀粉、柠檬酸、酒精、甘薯粉丝方便面等。

2. 高糖、高维生素型品种

高糖、高维生素型品种的品质特点是：外形美观，如薯块大小适中，形状好看，皮色好看等；营养成分高，含糖量高、食味好；薯肉黄色、橘黄色、橘红色或紫色；产量较高。它们具有较高的营养价值和良好的保健功能，主要用于鲜食、速冻罐装、烤地瓜、加工成甘薯脯、甘薯虾片、膨化薯片，提取食品用色素、化妆品用色素等。

3. 高淀粉、高饲料转化率型品种

高淀粉、高饲料转化率品种的品质特点是：茎叶再生能力强，生物产量高；块根产量高、淀粉含量高；干茎叶中粗蛋白含量高于15%。主要用做牲畜饲料。

第二节 甘薯育苗与扦插技术

一、甘薯的繁殖特点与块根的发芽习性

（一）甘薯的繁殖特点

甘薯为异花授粉作物，自交不孕，用种子繁殖的后代，性状高度分离，群体变异极大，大多不能保持原种特性，故在大田生产上很难直接应用。所以甘薯在生产上一般不采用有性繁殖，一般只用于选育新品种。在生产上多采取块根育苗和茎蔓栽插等营养器官育苗的无性繁殖方式，这些营养器官的再生能力强，遗传性状比较稳定，一般能保持原有品种的特性。甘薯育苗扦插还能够节约用种，降低成本，能有效地防治黑斑病，对提高甘薯的产量具有十分重要的意义。

（二）块根的发芽习性

1. 块根的萌芽与长苗

甘薯块根没有明显的休眠期。收获时，薯块在根眼处已分化形成不定芽原基，在适当的外界条件下，不定芽即能发芽。根眼在薯块上排列成5~6个纵列，每个根眼一般有2个以上的不定芽。发芽时不定芽从根眼穿透薯皮向外伸出。甘薯发芽出苗受品种和薯块质量的影响。

（1）品种。不同品种的薯皮厚薄与块根的根眼数目多少有

差别。薯皮是木栓组织，不易透进水分与空气，薯皮薄的品种易透进水分与空气，发芽出苗快。根眼多的品种，出苗快而多；反之则出苗慢而少。

（2）薯块不同部位。薯块顶部具有顶端生长优势，萌芽时，薯块内部的养分多向顶部运转，所以薯块顶部发芽多而快，占发芽总数的65%左右；中部较慢而少，占26%；尾部最慢最少，占9%左右。薯块的阳面（向上的一面）发芽出苗的数量比阴面（向下的一面）多，因阳面接近地表，空气和温度等条件比阴面好，不定芽分化发育较多而好。

（3）薯块的来源。脱毒甘薯比不脱毒甘薯发芽多而好。经高温处理储藏的种薯出苗快而多，在常温下储藏的种薯出苗慢而少。夏甘薯的生活力强，感染病害较轻，而春甘薯则相反。

（4）种薯大小。同一品种，薯块大薯苗生长粗壮，薯块小薯苗生长细弱。薯块大小与出苗数量有关，大薯单块出苗数少，小薯出苗数多。所以，在生产上一般以0.15~0.25kg的薯块做种薯较适宜。

2. 薯块萌芽、长苗所需的外界环境条件

（1）温度。薯块在16~35℃的范围内温度越高，发芽出苗就快而多。16℃为薯块萌芽的最低温度，最适宜温度范围为29~32℃。薯块长期在35℃以上时，由于薯块的呼吸强度大，消耗的养分多，容易发生"糠心"。温度达到40℃以上时，容易发生伤热烂薯。

（2）水分。水是甘薯育苗的重要条件之一。床土的水分和苗床空气的湿度，与薯块发根、萌芽、长苗的关系密切。水分的多少还影响苗床的温度和土壤通气性。在薯块萌芽期以保持床土相对湿度和空气相对湿度均在80%左右，使薯皮始终保持湿润为宜。在幼苗生长期间以保持床土相对湿度70%~80%为宜。为使薯苗生长健壮，后期炼苗时必须减少水分，相对湿度降到60%以下，以利于薯苗苗壮生长。

（3）氧气。育苗时薯块发根、萌芽、长苗过程中的一切生命活动，都需要通过呼吸作用获得能量。在育苗过程中，必须注意通风换气。氧气不足，呼吸作用受到阻碍，严重缺氧则被迫进行缺氧呼吸而产生酒精，由于酒精积累会引起自身中毒，导致薯块腐烂，因此氧气供应充足，才能保证薯苗正常生长，达到苗壮、苗多的要求。

（4）光照。在薯块萌芽阶段，光照强弱会影响苗床温度。强光能使苗床增温快、温度高，可促使发根、萌芽。出苗后光照强度对薯苗的生长速度和素质有明显的影响。光照不足，光合作用减弱，薯苗叶色黄绿，组织嫩弱，发生徒长，栽后不易成活。因此，在育苗过程中要充分利用光照，以提高床温，促进光合作用。

（5）养分。养分是薯块萌芽和薯苗生长的物质基础。育苗前期所需的养分，主要由薯块本身供给，随着幼苗生长，逐渐转为靠根系吸收床土中养分生长。采苗 2~3 茬后，薯块里的养分逐渐减少，根系吸收的养分则相应增多。薯苗正是需要较多的氮素肥料，氮肥不足薯苗生长缓慢，叶片小，叶色淡黄，植株矮小瘦弱，根系发育不良。因此，在育苗时应采用肥沃的床土并施足有机肥，育苗中、后期适量追施速效性氮肥，以补充养分的不足。

二、甘薯育苗技术

（一）育苗方式

我国甘薯种植遍及南北，自然条件不同，育苗方式多种多样，主要有回龙火炕育苗、酿热温床育苗、电热温床育苗、冷床覆盖塑料薄膜育苗、地膜覆盖育苗、露地育苗、采苗圃等。一定要根据当地的气候条件、耕作制度、栽培水平等综合因素选择合适的育苗方式，适宜的育苗方式是育足苗壮苗、保证适时早栽和高产的重要基础。

1. 回龙火炕育苗

此种苗床根据当地条件就地取材，采用煤炭或柴草等为燃料加温，提高苗床温度，温度均匀，保温性能好，适用于早春气温低的北方地区。具有出苗早、匀、多和省燃料的优点。回龙火炕设有三条烟道，中间为去烟道，两边是回烟道（图6-6和图6-7）。

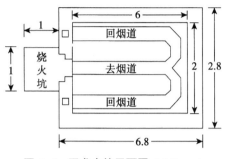

图6-6　回龙火炕平面图（单位：m）

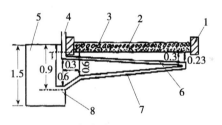

图6-7　回龙火炕侧面图（单位：m）

1. 墙；2. 床土；3. 种薯；4. 烟筒；5. 烧火坑；6. 回烟道；7. 去烟道；8. 炉子

2. 酿热温床育苗

此方法是利用作物秸秆、杂草和牲畜粪等酿热材料，经过堆积发酵产生热量，结合利用太阳能，来提高苗床温度进行育苗的方法。这种方法做法简单，省工，不需要燃料，适应性广，只要有条件和需要，各地都较适用，是目前甘薯育苗中比较广泛采用的一种方法。

（1）建造苗床。苗床一般选择背风向阳、地势平坦稍高靠近水源地块，为东西走向，其长度可根据育苗需要和地形来确定，一般挖长 5~7m，宽 1.3~1.7m，实际宽度应当与薄膜宽度协调，坑深 0.5m 的苗床。床底深度，中间为 0.5m，北侧 0.6m，南侧 0.7m，即坑底中间略高，两边略低，呈鱼背形，以便苗床南北两边多装些酿热物，不使苗床四周温度与苗床中间温度相差过多。床底顺东西向挖 2 条边长为 15cm 左右的通气沟，为酿热物发酵提供氧气。全床挖好后，在通气沟上铺盖秸秆或树枝，上面直接填酿热材料，苗床即告建成。

（2）选择铺垫酿热物。酿热物各地不尽相同，骡、马粪等发热量大而快，称为高热酿热物；麦秸、稻草、落叶等发热量小而慢，称为低热酿热物。为了使床温持久而均匀，应当就地取材，一般用谷类作物茎叶或杂草，加骡、马、牛粪配制而成，配合使用。

酿热物的发酵与分解是在潮湿的条件下进行的。因此，调制酿热材料要加入适量的水。具体的方法是：秸秆铡碎，用水浸渍；牲畜粪晒干、捣碎，与秸秆料混合，对人粪尿泼水拌匀。酿热物湿度以手紧握时，指间见水而不下滴为宜。酿热物配好后，填入床内，摊平稍压，厚度 0.27~0.28m，然后盖薄膜封闭，上加草苫，日揭夜盖，提温保湿，以满足分解纤维素微生物生长繁殖需要的养分、水分、氧气和温度等条件。建床后 2~3 天后，酿热物温度升至 35℃ 时，揭去薄膜，踩实酿热物，填入 8~10cm 厚的床土即可排种，排种后上面撒 3cm 左右的细沙，浇透水，随即覆膜压实（图 6-8）。该方法成本低，出苗快，苗量多，防治黑斑病效果较好。

3. 电热温床育苗

即在酿热温床床土部分加装电热线加热育苗的方法。选背风向阳、地势平坦、靠近电源的地方建床。一般床长 5m，宽 1.5m，深 0.2m。床墙高 0.4m，厚 0.25m。床底填 0.1m 厚碎草，草上铺一层厩肥，或把碎草和厩肥等酿热材料加水拌匀填在苗床底层，在酿热层上铺 0.07m 厚筛过的肥床土，踩实整平。

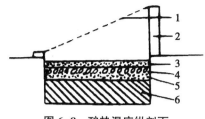

图 6-8 酿热温床纵剖面

1. 薄膜；2. 墙；3. 盖沙；4. 种薯；5. 床土；6. 酿热物

苗床两端钉上两边稍密中间稍稀的固定电热线用的水木桩，然后沿木桩布线，线间距平均为 0.05m。布线力求平直，松紧一致，接通电源检查合格后，线上盖 0.07m 厚床土，随即浇水，覆盖薄膜或草帘，通电加温达到所需要温度后就可排种。

此方法不受天气影响，出苗快，出苗多，温度可控，能够准确调控温度，管理方便。但要注意防止触电，在进行苗床管理如浇水、施肥、除草或测量温度时，要切断电源，以免发生意外。遇有电热线外皮有破损，立即修补，防止漏电。育苗结束后，及时清理苗床，取出电热线，洗净、包好存放备用。

4. 冷床覆盖塑料薄膜育苗

在气温较高的地区，一般于 3 月底或 4 月初，选好地块，施足底肥，深翻 0.16～0.2m，碎土平整做畦，四周开排水沟，畦长不限，宽 0.013～0.015m，排薯后撒盖一层细土，再搭架覆盖薄膜，并用土把薄膜四周压好封严。

在使用露地育苗的地方，可采用此方法。先平整苗床，开好排水沟，排种前浇一次透水，及时排种覆盖，压实地膜四周，齐苗后及时去除地膜。

5. 露地育苗

露地育苗适用于夏、秋薯栽培地区，是利用太阳辐射热在露地直接培育甘薯苗的方法，有平畦和高畦两种形式。

平畦的做法是：选择避风、向阳、地势平坦、土质疏松肥沃的地方建床。在春季土温稳定在 10℃ 以上时整地施肥，做成宽 1.3~1.5m、长 10m 左右的畦。畦与畦之间筑成畦埂。在畦面上开沟浇足底水，然后排种在沟中，上盖一指多厚的土，除遇干旱，一般在幼苗出土前不需要灌水，以免表土板结影响发芽。苗出齐以后适当灌水、追肥，促苗生长。

也可以做成行距 0.4~0.5m、高 0.2~0.25m 的东西向高垄，在垄的南面向阳坡上开沟排种薯，然后盖土，恢复高垄原状，这就是高畦。高畦比平畦受光面好，吸热快，温度高，出苗早而多。

6. 采苗圃

不用种薯而用薯苗繁殖薯苗的育苗地称为采苗圃，适于我国中南部夏、秋薯种植面积大的地区采用。采苗圃做法简单，便于集中管理，苗床面积根据需要可大可小，不受限制，也不需要增温、保温等设备，育成的薯苗由于在自然条件下生长，比温床苗苗壮，成活率高，有利于培育无病壮苗，防止品种混杂、变劣，提高良种繁育速度，对解决良种推广、建站无病留种地的苗源有重要作用。

具体做法是把火炕、温床育出的早茬苗，剪下栽在苗圃里，加强肥水管理，促苗早长早发棵。

（二）种薯上床

1. 确定种薯用量

种薯用量与品种的出苗特性、种薯的大小、育苗方法、栽插期、栽插密度等有关，如品种萌发特性好（萌发快、萌芽多）的少些，栽插早的多些，应根据实际情况确定种薯的用量。

2. 种薯处理

（1）选种。为防止品种混杂和病虫害蔓延，必须进行育苗前的选种工作。

种薯必须做到三选，即出窖时选、消毒浸种时选、上床排种时选，尽量剔除伤、病和不合标准的薯块。要做到品种纯，具有本品种的皮色、肉色、形状等特征，薯块大小适中（0.15～0.25kg）、整齐均匀，薯皮鲜亮光滑，颜色鲜明，无病无伤。

（2）种薯消毒。种薯消毒的方式主要有温汤浸种和药剂浸种两种。

①温汤浸种。为预防甘薯黑斑病，一般用温汤浸种法对种薯进行消毒。即用筐装种薯，置入 56～58℃ 的温水中，上提下落，左右转动（不提出水面），2min 内使水温降到 51～54℃，保持 10min 后，将筐提出降温。

温汤浸种要严格掌握水温和浸种时间，并注意受热均匀。水温太高或浸种时间过长，会烫伤薯块；反之，则降低杀菌效果。

②药剂浸种。采用露地育苗种薯或用已受轻微冻害的种薯，可用 25% 多菌灵粉剂 200 倍液或 50% 甲基托布津可湿性粉剂 200 倍液浸种 10h，可杀菌防病。

3. 确定排种时期

甘薯排种时间应根据当地的气候、栽培制度、栽插时期和育苗方法而定。育成薯苗的时间要与大田栽插时间相衔接，过早过晚都不好。排种过早，因天气寒冷，保温困难，育苗期拖长，徒耗人力，浪费燃料，而且薯苗育成后，因气温低不能栽到田间，形成"苗等地"现象，不仅延长苗龄，还会降低薯苗素质。已育成的苗不能及时采，必然影响下茬苗的生长。如果排种过晚，出苗迟，育成的苗赶不上适时栽插的需要，会造成"地等苗"的局面，会造成晚栽减产。

一般情况下，露地育苗气温必须要达到 15℃ 才能下种，用火炕或温床育苗的地方，一般掌握在当地栽插适期前 25～30 排种。北方春薯育苗时间以 3 月中下旬为宜，夏薯以 4 月上旬为宜，南方应适当提前。

4. 选择排种方法

薯块的萌芽数，以顶部最多，中部次之，尾部最少。排种时要注意分清头尾，切忌倒排。经过冬季储藏的薯块，有的品种头尾形状不容易识别清楚，但用肉眼观察其他性状，基本能分清头尾。即一般顶（头）部皮色较深，浆汁多，细根少。尾部皮色浅，细根多，细根基部伸展的方向朝下。

薯块大小差别较大，排种时最好大小分开；为了保证出苗整齐，应当保持上平下不平的排种方法，即大块的入土深些，小块的浅些，使薯块上面都处在一个水平上，这样出苗整齐。

排放种薯有平排、直排和斜排三种，以斜排居多。平排多用在露地育苗，排种时头尾先后相接，左右留些空隙，能使薯苗生长苗壮，出苗也均匀一致。平排用薯少，排种稀，薯苗分布均匀而不密集，出苗较少、较壮，但苗床面积大，费工费料。直排种薯虽能经济利用苗床，但因单位面积上种薯排放过密，薯苗纤细较弱，栽后成活率不高。斜排时，首先从苗床一端开始，顺床宽由北向南排，种薯头朝上，阳面向上，以头压尾，即后薯头压前薯尾1/3。这样薯块中上部发芽多，且易出土，薯苗健壮，既不影响薯块的出苗量，也充分利用了苗床面积，但不可压得过多，以免排种量过大，出苗数虽然增加，却使薯苗过密，生长细弱，影响苗的质量。

排种后，撒细土填充薯块间隙，再用水（北方产区宜用40℃温水）浇透床土。水渗下后，撒3cm左右沙土，用来固定种薯、保温、通气。随即床面覆盖薄膜封闭，夜间加盖草苫保温。

（三）甘薯苗床管理

苗床管理的基本原则是"以催为主，以炼为辅，先催后炼，催炼结合"。苗床的控温分为3个阶段，即前期高温催芽、中期平温长苗和后期低温炼苗。

1. 苗床前期高温催芽

即排种到出苗阶段，以催芽为主，做到提温保温相结合。出苗以前要高温催芽，要有充足的水分和空气，促使种薯尽快萌芽，防止病害。种薯排放前，床温应提高到30℃左右。火炕育苗，在排薯后，床温应每天提高1℃左右，经过4~5天，床土温度升到34~35℃，最高不能超过38℃，8~9天秧芽出土。此后，适当降低温度，降到32~35℃，最低不能低于28℃，平温长苗。酿热温床在出苗以前也应保持30~32℃，以催芽出土。在出苗前一般不再浇水，如出现床土干燥有碍出苗时，可泼水润床，待秧芽拱土时，再浇水助苗，防止幼苗枯萎。要注意挖除烂薯病苗，防止病害蔓延。没有加温设备的苗床也要采取有效措施，提高床内温度。出苗前既要晒床提温和盖床保温，又要注意通风降温，以免床温升得过高。

2. 苗床中期平温长苗

即薯苗出齐到采苗前3~4天。前阶段的温度不低于30℃，以后逐渐降低到25℃左右，这期间的床土温度应保持在25~28℃，以利于长苗，掌握有催有炼、催炼结合的原则。床土适宜含水量为其最大持水量的70%~80%。要注意通风晾苗，尤其酿热温床，应由少到多、由短而长地揭膜通风，防止烈日高温灼苗。中期末可浇水1次。

3. 苗床后期低温炼苗

从采苗前5~6天到采苗这段时间，以炼苗为主。采苗前3~5，床土含水量降低为最大持水量的60%，床温下降到20℃，接近于当时的气温。昼夜不盖草苫，到揭去薄膜，逐渐炼苗，使薯苗在自然气温条件下提高其适应自然的能力，使薯苗老健。如有大风、降温等恶劣天气，仍要盖膜加苫，保温护苗。

使用露地育苗和采苗圃的地方，只要做好水肥管理，不使生长过旺就能育成壮苗。

4. 采苗

（1）采苗时间。薯苗高20~23cm时（苗龄30左右），应及时采苗栽到大田（或苗圃），采后不能及时栽插的可临时"假植"。若长度够而不采，容易造成薯苗拥挤，影响下面小苗的正常生长，会减少下一茬的出苗数。

（2）采苗方法。采苗方法有剪苗和拔苗两种。

剪苗的好处是种薯上没有伤口，减少病害感染传播，不会拔松种薯，损伤须根，利于薯苗生长，还能促进剪苗后的基部生出芽，增加苗量。因此，酿热温床、冷床和露地苗床，都应使用剪苗的方法。剪苗一般提倡采用"高剪"，即在离床土3cm左右处剪苗，能有效地防止黑斑病。

火炕床的薯苗密度大，苗也不高，剪苗比较困难，多采用拔苗的方法。拔苗使种薯伤口增多，可造成病菌入侵伤口，且人为传染病菌，要注意苗床防病。

一般在采苗后第2天应及时施肥浇水。追肥以氮素化肥为主，配合磷、钾肥。追肥量一般用硫酸铵800~1 000kg/hm²。肥可撒施或浇肥水，注意撒匀、浇匀，用清水冲洗，先施肥后浇水。

5. 苗床烂床的原因及其防治

（1）烂床的原因。甘薯在育苗期间，种薯腐烂、死苗通称烂床。按其原因大致分为病烂、热烂和缺氧烂床3种类型。

①病烂。由于种薯、土壤、肥料带黑斑病菌、软腐病菌、茎线虫病菌，或在种薯受冷害、涝害及有伤口的情况下，病菌乘机侵染造成烂床。

②热烂。床土温度长时间在40℃以上，或浸种时水温太高、浸种时间过长，种薯受高温危害导致软烂。

③缺氧烂。床土浇水过多、湿度过大，床土坚实不透气或覆土太厚；通气不良等原因造成薯块缺氧而腐烂。

（2）烂床的预防措施。针对烂床原因，要采取有效的措施防止甘薯烂床的发生。针对病烂，应精选无病、未受冻害、无破损的健康种薯，选择未种过甘薯的土壤或对土壤进行严格消毒；对于热烂，应控制浸种温度和苗床温度，正确调控温度；排种后覆土勿太深、太紧，浇水勿过多，做好肥水及通气管理等。

三、甘薯扦插技术

（一）耕地与作垄

土壤深耕、起垄栽培是提高甘薯产量的重要措施，也是为甘薯扦插创造条件。深耕能够加深活土层，疏松熟化土壤，改善土壤的透气性，增强土壤养分的分解，促进土壤肥力的提高，增加土壤蓄水能力，有利于茎叶生长和根系向深层发展，从而提高甘薯产量。但如果过度深翻，会打乱土层，跑墒严重或排水不好，引起雨季涝渍，还会招致减产。垄作栽培加深了土层疏松肥沃的土壤，通气性好，利于薯块的形成和肥大；通风透光，排灌方便，有利于有机物质的积累和转运；垄作昼夜温差大，适合薯块膨大。

1. 整地

春薯地在冬前或早春翻耕，有条件的可结合进行冬灌或春灌。夏薯地要在前茬作物收获后，尽早耕地作垄。

耕地深度一般为 22～30cm，应根据季节、土质和耕层深浅等具体情况而定。

2. 作垄

甘薯垄作是生产中普遍采用的栽培方式。作垄要掌握在土壤干湿适宜，犁耙细碎后进行。作垄分小垄和大垄，应因地制宜，视品种、生长期等具体情况而定。起垄要做到：垄形肥胖，垄沟窄深；垄面平，垄距匀；垄土踏实，无大垡，无硬心。要垄沟、腰沟、田头沟配套，以利排水流畅。垄的走向以南北向为宜。坡地的垄向要与斜坡方向垂直。

常用的作垄方式如下。

（1）小垄单行。多在地势高、沙质土、土层厚、易干旱、水肥条件较差的地方应用。垄距 60～80cm，垄高 20～30cm，每垄栽种 1 行。这样植株分布比较均匀，茎叶封垄较早，有利于抗旱保墒。

（2）大垄双行。一般垄距 80~100cm，垄高 30~40cm，每垄交错栽苗 2 行，株距 25~30cm。在水肥条件较好、土质较疏松的地方有一定的优越性。

（3）大垄单行。垄距 100~120cm，株距 20~25cm，多雨年份或灌水次数较多的地方采用此法比较合适。

（二）施足基肥

甘薯具有耐瘠特性，但其生长期长，吸肥力强，消耗土壤中养料多，因此必须施足基肥。施足基肥既能补充各种营养元素又能改良土壤，培肥地力，同时满足甘薯生长发育的需要。

基肥的种类很多，一般在氮肥充足的地块宜使用土杂肥、炕洞土、草木灰、过磷酸钙等含氮较少的肥料，有利于控制茎叶徒长。而缺氮严重的沙土，茎叶生长不良，要增施猪圈粪、塘泥或人粪尿等含氮较多的肥料为基肥，有条件的地方施用绿肥效果更好，施用大量腐熟的秸秆或杂草沤制的土杂肥为基肥也很不错。这些肥料养分全、肥效长、肥劲稳，而且含氮少，含钾、磷多，施入土中与土壤充分混合后可创造土壤团粒结构，使土壤疏松，增加土壤通气性，能协调甘薯地上部与地下部生长的矛盾，而取得高产。

由于甘薯根系多，集中分布在 25~30cm 土层，所以基肥要施在 25~30cm 深的土层才有利于根的吸收，尤其磷肥要深施。

基肥数量大的可分两次施用，深耕时多施、撒施；起垄时采用条施方式施剩余部分。基肥中的磷肥、钾肥和少量氮素化肥应在作垄时施用。

施肥要坚持以基肥为主，追肥为辅，以农家肥料为主，化学肥料为辅的原则，做到因地施肥，平衡用肥，经济施肥，配方用肥，适当增施钾肥。通过施肥，达到前期肥效快，促进秧苗早发；中期肥效稳，地下部与地上部生长协调，壮而不旺；后期肥效较长，茎叶不脱肥、不贪青，薯块大，产量高。

（三）确定扦插密度

甘薯合理密植是为了调整群体与个体的关系，协调地上部生长与地下部生长的矛盾，合理利用光能和地能。栽秧密度要因地制宜，一般应遵循肥地宜稀，薄地宜密；长蔓品种宜稀，短蔓品种宜密；春薯宜稀，夏薯、秋薯宜密的原则，正确确定甘薯的合理密度。一般华北地区春薯 5.25 万 ~ 6.75 万株/hm²，夏薯 6 万 ~ 7.5 万株/hm² 为宜。春薯的行距一般为 70 ~ 80cm，夏薯为 60 ~ 70cm。行距过小，费工、管理不便，而且垄沟太浅，不易排水。株距一般以 20 ~ 25cm 为宜。

（四）扦插时期及方法

甘薯扦插时期的主要依据是温度、雨水和耕作制度等。春薯一般气温稳定在 15℃ 以上，5 ~ 8cm 地温稳定在 17 ~ 18℃，晚霜已过为适宜栽插期。北方一般在 4 月中下旬，南方较早一些。夏薯在前作物收获后抢时早栽，力争在 7 月上旬栽完。

甘薯适时早栽是增产的关键。在适宜的条件下，栽秧越早，生育期越长，结薯早而多，块根膨大时间长，产量高，品质好，栽秧越晚则与之相反。但栽插过早，易受低温危害；太晚，随着时间的推移产量递减。

薯苗栽插方法有直插、斜插、船底插和水平插等。

薯苗短时多采用直插法。即将薯苗下部 2 ~ 3 节垂直插入土中，深 10cm 左右，入土较深，只有少数节位分布在适合结薯的表土层中，一般成活率高，但单株结薯较少，多集中于上部节位，但膨大块，大薯多。在山坡干旱、瘠薄及沙土地使用此种方法。

斜插薯苗埋土 10 ~ 13cm，斜插角度为 45°左右，是当前大田生产上普遍采用的扦插方法。此法薯苗成活率较高，单株结薯少而集中，结薯大小不均匀，上层节位结薯较大，下层节位结薯较小。斜插法简单，适合在山风丘陵或缺少水源的旱地采用。若加强水肥管理，即使单株结薯不多，但因薯块大仍能获得较高产量。

船底插一般选用 20 ~ 25cm 的薯苗，将头尾翘起如船底形，埋入土中 5 ~ 7cm 深。因入土节位较多且多数节位接近土表，利于结薯且薯块多。此法适于土壤肥沃、土层深厚、无干旱威胁的地块使用，充分发挥其结薯多的优势获得高产。缺点是薯苗中部入土较深的节位往往结薯少而小，甚至空节不结薯。

水平插，薯苗埋土节数较多，覆土较浅，各节位大都能生根结薯，结薯较多且均匀，产量较高，适合水肥条件较好的地块。但其抗旱性较差，如遇高温干旱、土壤贫瘠等不良条件，保苗较困难。

甘薯除了育苗移栽以外，在有些地方还采用直播技术，也称为"下蛋栽培"，即选重 0.1kg 左右，长度 8～12cm 的薯块，于 4 月 20 日前后起垄直栽。垄顶宽 30cm，栽时坐窝浇水，薯块直立入±5cm，覆土埋严薯块，用手压实。出苗后，扒开覆盖薯块的土。

栽插时最好选择阴天土壤不干不湿时进行，晴天气温高时宜于午后栽插。大雨天气栽插易形成柴根，应在雨过天晴土壤水分适宜时再栽。如果是久旱缺雨天气，应考虑抗旱栽插。

第三节　甘薯田间管理技术

田间管理应根据甘薯不同生长时期的生长特点及其对环境条件的要求，结合栽插期、品种与水肥条件，因地、因时、因苗，正确运用管理措施，协调地上部与地下部的生长以获得高产稳产。

甘薯田间管理分为 3 个时期：生长前期、生长中期和生长后期。

一、前期田间管理

主要指从甘薯扦插到封垄这一段时间。高产春薯要求在 6 月底封垄，夏薯要求在 7 月底 8 月初封垄。

前期管理主要是在保证全苗的前提下达到根系、茎叶和群体的均衡生长。春薯在生长前期，气温较低，雨水较少，茎叶生长较慢。管理应以促为主，但不能肥水猛促，否则造成中期茎叶徒长而影响块根膨大。夏薯由于生育期短，也是以促为主。具体管理措施如下。

1. 查苗、补苗

甘薯栽插后 3~5 天，要随时查看是否有缺苗、死苗，发现缺苗断垄的田块，要及时补栽壮苗，补缺后浇透水，促进晚苗快发，保证全苗。最好在田边栽一些备用苗，补苗时带土补栽，保证成活率。补苗最好在下午或傍晚进行，以便避开烈日暴晒。

2. 中耕培垄

在秧苗返青后即可开始中耕，以利茎叶早发、早结薯，中耕次数 2~3 次。雨后或灌水后及时中耕，可增强表土透气性，防止土壤板结。为预防垄背塌陷，暴露薯块，结合中耕要进行培土扶垄。

用乙草胺封闭杂草，于晴天上午露水干后喷洒垄面，喷时尽量勿使药液与甘薯茎叶接触，以防产生药害，或等杂草 2~3 片叶以后用高效盖草能进行防治。

3. 追肥

本次追肥包括追提苗肥和壮秧催薯肥。在土壤贫瘠或施肥不足的田地，结合查苗补栽，及早追施提苗肥。这次追肥量应适量，以速效肥为主。应遵循"肥地不追，弱苗偏追"的原则，即不必普施，以追小苗、弱苗为主，这是确保苗匀苗壮和提高产量的有效措施。在小苗、弱苗侧下方 6~10cm 处开小穴施入一小撮速效氮肥，随后浇水盖土，促使苗齐苗壮。肥料主要是速效氮肥，施用量为硫酸铵 45~75kg/hm^2。

栽后 30~40 天，即团棵期前后追施壮秧催薯肥。在垄基部开沟深施，每公顷追施硫酸铵 112.5~150kg，硫酸钾 150kg 或草木灰 1 500kg，追后随即浇水中耕。瘠薄地宜早施、多施，肥沃地晚施、少施或只施用钾肥即可。

4. 浇促秧水

甘薯生长前期土壤湿度以田间持水量 70% 为宜，当持水量在 60%以下时，需及时浇水。浇水应采取隔沟顺垄细水慢灌，灌水量不过半沟。浇水后要及时中耕松土，以利于通风保墒、提温。

5. 适时打顶

分枝多、旺长的品种，当主蔓长 50～60cm 时，打去未展开嫩芽，待分枝长 50cm 时打群顶。

6. 防治害虫

生长前期常有地下害虫如地老虎、蛴螬、蝼蛄、金针虫等为害，要做好这些地下害虫的防治工作，以防造成缺苗。可用 5%辛硫磷颗粒剂 30kg/hm^2，在起垄时撒施。也可用毒草诱杀，取鲜草 25～40kg，铡成 1.7cm 长，与 90%敌百虫 0.05kg，清水适量拌匀后，于傍晚撒在薯苗根附近地面上诱杀。

此外，清除杂草、诱杀成虫、冬前耕地等措施也可减少害虫发生量。

7. 及早化控

水肥地为预防后期旺长，应及早采取化控，封垄时用 15%多效唑 1kg/hm^2，加水 750～900kg/hm^2，喷洒一次后，隔 10～15 天再喷洒一遍，控制茎叶后期旺长。

二、中期田间管理

主要指茎叶封垄到茎叶生长盛期。甘薯生长中期处于高温多雨、日照少的时期，根系和地上部光合器官基本建成，生长旺盛，叶面积达到最大值. 地下结的薯块已经确定，持续膨大生长，需要较多的水肥供应。在肥水条件高的地块，长势旺的品种遇到持续阴雨天气容易出现旺长。这一时期田间管理应控制茎叶平稳生长，促使块根膨大，要根据甘薯田的情况有针对性地进行管理。

1. 灌溉抗旱与排水防涝

此时期甘薯生长旺盛，需水较多，如土壤干旱时应及时隔沟浇水，水量不应超过垄沟深的一半。

甘薯抗旱不耐涝，积水就会形成涝灾，影响品质。土壤含水量过高，造成内涝，易引起甘薯徒长。垄沟内积水，又很容易造成块根腐烂。所以，在雨季以前应提前修通排水渠道，遇到大雨及时排除积水，使土壤保持适宜的水分，保证甘薯正常生长。

2. 保护茎叶切忌翻蔓

翻蔓使光合作用的主要器官（叶片）受损伤。翻蔓后由于叶片翻转、重叠、稀密不均，改变了原有叶片自然排列状况而影响光合作用，严重影响叶片的光合作用。翻蔓还会使茎蔓折断，促使腋芽大量萌发，与薯块争夺养分，减少了养料向块根转移。研究表明，甘薯翻蔓一般减产10%~20%。

所以甘薯封垄后最好不要翻蔓，但对于长势壮、生长过旺的地块可采用提蔓断根的方法防止跑根过多，具体做法是：将甘薯茎枝提起，等不定根断开后轻放回原位，不可翻乱茎叶的原有正常分布。

3. 追肥

甘薯追肥应遵循"前轻、中重、后补"的原则。甘薯苗期吸收养分少，中期吸收养分速度加快、数量增多，接近后期逐渐减少。甘薯生长中期需钾肥较多，应注意追施钾肥，可施硫酸钾300~375kg/hm²。

4. 防治害虫

为害的害虫主要有卷叶虫、造桥虫、黏虫、斜纹夜蛾、天蛾，注意保护和利用天敌防治甘薯虫害，利用害虫的趋光、趋味性进行诱杀或人工捕杀。当害虫进入盛发期或食叶害虫幼虫在3龄前提倡利用生物药剂喷雾或喷粉防治害虫。

三、后期田间管理

从茎叶生长开始衰退到收获阶段，也称薯块盛长期。该期的甘薯茎叶生长逐渐衰退，而块根增重加快。后期管理主要是保护茎叶，延长叶片功能期，防止早衰或贪青，促进块根膨大增重，对土壤干旱的要及时早浇水，秋涝年份要注意排水，保持土壤含水量的 60%~70%，对生长正常的地块。可用磷钾肥根外追肥，有脱肥早衰现象的，则用标准氮肥对水逐棵浇施。

1. 追肥

甘薯茎叶进入回秧期，为防止早衰，延长和增加叶片光合作用，促进块根膨大，可适量追少量氮肥。可施尿素 75 ~ 120kg/hm^2，以防止茎叶早衰，促进块根膨大，但要注意追施氮肥不宜过多，以防贪青。甘薯在收获前 45~50 天，根系吸收养分的能力转弱，可以喷洒 0.2% 磷酸二氢钾或 2% 硫酸钾溶液，有增产效果。

2. 灌溉和排水

甘薯回秧后，生长量小，需水少。但生长后期雨水较少，常有旱情，当土壤湿度小于田间持水量的 55% 时，应及时浇小水防止茎叶早衰，但收获前 20 天内最好不要浇水。如遇秋涝，会影响块根膨大，出干率降低，不耐储藏，此时应及时排水。

第四节　甘薯收获储藏技术

一、甘薯适期收获

（一）收获时间

甘薯收获的迟早和作业质量与薯块产量、干率、安全储藏和加工等都有密切关系。甘薯块根是无性营养体，没有明显的成熟期，收获机动灵活。可以根据作物布局、耕作制度、初霜的早晚，以及气候变化来确定收获适期。通常根据当地气温和具体需要而定，其中气温变化最重要，一般应在当地平均气温降到 12~15℃ 收获最佳。甘薯收获期应安排在后茬作物适时播种之前，要根据具体情况，分轻重缓急安排收获次序。

收获应选晴天土壤湿度较低时进行，收前 1~2 天割掉茎叶和清除田间残留的枝叶，以免病菌侵染块茎。当甘薯植株大部分茎叶枯黄，块茎易于匍匐茎分离，周皮变厚，块茎干物质含量达到最大值，为食用和加工用块茎的最适收获期。留种用甘薯应掌握在霜降前 5~7 天收获为宜，以避免低温霜冻危害，提高种性以及便于安全储存。收获过程中，要尽量减少机械损伤，并要避免块茎在烈日下长时间暴晒而降低种用和食用品质。另外，加工、储存、晾晒等准备工作应同时进行。

（二）收获方法及注意事项

甘薯收获方法主要有人工收获和机械收获两种。人工收获时，可先将茎蔓割掉，再刨收薯块，此法收获费工、费时、费力、破碎多、漏薯多。机械收获田间收获进度快，效率高，成本低，薯块损伤率低，能克服人工收获的缺点。

收获时应做到轻刨、轻装、轻运、轻放、保留薯蒂，尽可能减少伤口，以便减少储藏病害的侵染概率。另外，要注意天气变化，防冻、防雨，边收边储，不在地里过夜，因为鲜薯在 7℃就会受轻微冻害，而且不宜察觉，储存 1 个月后溃烂才表现出来，造成人为的损失。不损伤薯蒂，在储存中可以减少烂薯，做种薯用，薯蒂上的潜伏芽能增加产苗数。

收获后，薯块要选择分类，做好装、运、储各道工序，即剔除断伤、带病、虫储、冻伤、水浸、雨淋、碰伤、露头青、开裂带黏泥土的薯块，以减少薯窖中的病害发生。同时还要注意春、夏薯分开，不同品种分开，大小块分开，种薯单存。

二、甘薯安全储藏

甘薯储藏是甘薯生产中的重要环节。甘薯体积大，水分多，组织柔嫩，在收获、运输、储藏过程中，容易碰伤薯皮，增加病菌感染机会，同时薯块水分散失快，降低了块根的储藏性。甘薯不耐低温，容易遭受冷害和冻害而引起烂窖。所以必须抓好收获、运输、储藏过程中的每一个环节，才能保证甘薯安全储藏。

（一）储藏生理

1. 呼吸作用

甘薯呼吸强度的大小与温度、湿度和氧气有关。储藏的适宜温度为 11~14℃，储藏窖温度若低于 10℃ 甘薯的呼吸强度弱，甚至失去生机；高于 18℃，呼吸强度大，容易发芽。根据储藏环境中氧气的充足与否，薯块可进行有氧和无氧呼吸，其中无氧呼吸的产物酒精和二氧化碳过多时，薯块易中毒而引起腐烂。据报道，储藏窖内氧气含量为 15%、二氧化碳含量为 5% 时，能适当控制甘薯呼吸强度、抑制病菌活动、提高耐藏力。储藏的适宜相对湿度为 85%~90%，若温度较高且相对湿度低于 70% 时，呼吸强度也随之提高，薯块容易失水造成"糠心"。

2. 块根愈伤组织的形成

薯块碰伤后，伤口数层细胞失去淀粉粒，木栓化为周皮，形成愈伤组织，具有保护的作用，可防止病菌侵入和水分的散失，有利于甘薯的储藏。在高温高湿条件下，愈伤组织形成较快，反之较慢。

3. 薯块化学成分的变化

薯块储藏一段时间后，部分淀粉会转化为糖和糊精，因而淀粉含量会降低。在储藏过程中，薯块中具有巩固细胞壁作用的原果胶质会转变为可溶性果胶质，故组织变软，病菌易侵入。

（二）甘薯安全储藏所需的环境条件

1. 温度

温度对甘薯的安全储藏很大，是非常重要的影响因素。甘薯储藏的最适温度为 10~14℃，最低温度不能低于 9℃，最高温度不能超过 15℃。低于 9℃ 易受冷害，使薯块内部变褐色发黑，发生硬心、煮不烂，后期易腐烂；温度低于 -2℃ 时，薯块内部细胞间隙结冰，组织受到破坏，发生冻害，冷害和冻害都会引起薯块腐烂，从而造成烂窖；若长期处于 15℃ 以上的环境，薯块呼吸作用加剧，消耗大量养分，同时甘薯容易发芽，降低薯块储藏品质。因此，在甘薯储藏期间，保持适宜的温度条件是安全储藏的基本保证。

2. 湿度

储藏期间需要一定的湿度来保持甘薯的鲜度。甘薯储藏的最适湿度为80%~95%。若储藏窖内的相对湿度低于60%时，易引起甘薯失水萎蔫，品质下降；窖内湿度过大，在甘薯储藏初期，常因外界温度较高薯块呼吸作用旺盛，薯堆内水汽上升，遇冷后产生凝结水，浸湿薯堆表层薯块，有利于病菌滋生，易感染病害。若高温与高湿的环境条件并存，还会助长病害蔓延。

3. 空气

氧气对甘薯的安全储藏也很重要，能够满足其正常呼吸，保持生命力。如果储藏窖内长期密闭，通风不良，二氧化碳浓度过高，不但不利于薯块的伤口愈合，反而使薯块被迫进行缺氧呼吸，产生大量酒精，引起薯块酒精中毒而发生腐烂，同时缺氧也容易引进病害的发生。试验表明，甘薯块根正常呼吸转为缺氧呼吸的临界含氧量在4%左右。

第七章　杂　　粮

第一节　谷　子

一、概述

（一）谷子在国民经济发展中的地位

谷子在植物学上属禾本科，黍族，狗尾草属，又称为粟，是我国的主要栽培作物之一。

谷子是我国北方地区主要粮食作物之一，种植面积占全国粮食作物播种面积的 5% 左右，占北方粮食作物播种面积的 10%～15%，仅次于小麦、玉米，居第三位。在一些丘陵山区如辽宁省建平、内蒙古自治区（以下简称内蒙古）的赤峰、河北省武安等地，谷子播种面积占粮食作物播种面积的 30%～40%，不仅是当地农民的主要经济来源，也仍是当地农民的主粮。

谷子是中国传统的优势作物、主食作物。谷子抗旱、耐瘠、抗逆性强，水分利用率高，适应性广，化肥农药用量少。在适宜温度下，谷子吸收本身重量 26% 的水分即可发芽，而同为禾本科作物高粱需要 40%、玉米需要 48%、小麦需要 45%。谷子不仅抗旱，而且水利用率高，每生产 1g 干物质，谷子需水 257g，玉米需水 369g，小麦需水 510g，而水稻则更高。不仅在目前旱作生态农业中有重要作用，而且针对日益严重的水资源短缺，谷子还是重要的战略储备作物及典型的环境友好型作物。

1. 小米的营养价值

谷子去壳后称小米，小米的种类较多，包括粳性小米、糯性小米、黄小米、白小米、绿小米、黑小米及香小米等。小米营养价值高、易消化且各种营养成分相对平衡，能够满足人类生理代谢较多方面的需要。是具有营养保健作用的粮食作物，对人体有重要作用的食用粗纤维是大米的 5 倍，是近年来兴起的世界性杂粮热的主要作物。

（1）小米的营养成分。小米蛋白质含量 7.5%～17.5%，平均为 11.42%，脂肪含量平均为 3.68%，均高于大米和面粉。糖类含量 72.8%，维生素 A 含量 1.9mg/kg，维生素 B_1、维生素 B_2 含量分别 6.3mg/kg 和 1.2mg/kg，纤维素含量 1.6%。一般粮食中不含的胡萝卜素，小米中含量是 1.2mg/kg，维生素 B_1 的含量位居所有粮食之首。还含有大量人体必需的氨基酸和丰富的铁、锌、铜、镁、钙等矿物质。谷子营养丰富，适口性好，长期以来被广大群众作为滋补强身的食物。

（2）小米的营养成分特点。

①蛋白质含量高于其他作物小米蛋白质含量平均为 11.42%，高于大米、玉米和小麦。特别是小米蛋白质的氨基酸组成，含有人体必需的 8 种氨基酸，其中小米蛋氨酸含量分别是大米的 3.2 倍、小麦和玉米的 2.6 倍；色氨酸含量分别是玉米的 3.0 倍、大米和小麦的 1.6 倍，必需氨基酸含量基本上接近或高于 FAO 建议标准。

②脂肪酸有利于人体吸收利用。小米粗脂肪含量平均为 4.28%，高于小麦粉和稻米。其中亚油酸占 70.01%，油酸占 13.39%，亚麻酸占 1.96%，不饱和脂肪酸总量为 85.54%，非常有利于人体吸收和利用。

③微量元素丰富。小米含有丰富的铁、锌、铜、锰等微量元素，其中每 100g 小米铁含量为 6.0mg，铁是构成红细胞中血红蛋白的重要成分，所以食用小米有补血壮体的作用。小米中的锌、铜、锰均大大超过稻米、小麦粉和玉米，有利于儿童生长发育。

2. 小米的保健功能

（1）提高人体抵抗力。小米因富含维生素 B_1、维生素 B_2

等，对于提高人体抵抗力非常有益，有防止消化不良及口角生疮的功能。

（2）补血壮体。小米矿物质含量较高，具有滋阴养血的功能。可以使产妇虚寒的体质得到调养。

（3）促进消化。小米的食用纤维含量是稻米的 5 倍，可促进人体的消化吸收。

（4）药用价值。小米具有健胃益脾、补血降压、抗衰健身、延年益寿等独特功效，还能健脑、防治神经衰弱。不饱和脂肪酸有防治脂肪肝、降低胆固醇的作用。

（5）天然黄色素。小米黄色素是一种安全无毒，而且具有防护视觉、提高人体免疫力、防治多种癌症、延缓衰老等特殊功能的营养素，符合食品添加剂天然、营养和多功能的发展方向。

3. 谷草的饲用价值

谷子是粮草兼用作物，粮、草比为 1∶（1~3）。据中国农业科学院畜牧研究所分析，谷草含粗蛋白 3.16%、粗脂肪 1.35%、无氮浸出物 44.3%、钙 0.32%、磷 0.14%，其饲料价值接近豆科牧草。谷草和谷糠质地柔软，适口性好，营养丰富，是禾本科中最优质的饲草，是家畜和畜禽的重要饲料，在畜牧业发展中有重要作用。

（二）谷子分布、生产与区划

1. 谷子的起源、分布与生产概况

谷子是我国最古老的栽培作物之一，中国种粟历史悠久，据对西安半坡遗址、河北磁山遗址、河南裴李岗遗址等出土的大量炭化谷粒考证，谷子在我国有 7 500 年以上的栽培历史。早在 7 000 多年前的新石器时代，谷子就已成为我国的主要栽培作物。A. 德堪多认为粟是由中国经阿拉伯、小亚细亚、奥地利而西传到欧洲的。H. И. 瓦维洛夫将中国列为粟的起源中心。

谷子在世界上分布很广，主要产区是亚洲东南部、非洲中部和中亚等地。以印度、中国、尼日利亚、尼泊尔、俄罗斯、马里等国家栽培较多。我国是世界上谷子的集中种植国，播种面积占世界谷子播种面积的80%，产量占世界谷子总产量的90%。印度是世界第二谷子主产国，约占世界总面积的10%，澳大利亚、美国、加拿大、法国、日本、朝鲜等国家有少量种植。

谷子在我国分布极其广泛，各地几乎都能种植，但主产区集中在东北、华北和西北地区。近年来，由于农业生产发展，种植业结构调整，我国谷子面积与20世纪80年代相比有所下降，其中春谷面积下降幅度较大，而夏谷面积有所发展。据2000年统计，全国谷子种植面积约125万 hm^2，年总产212万 t左右，平均1 700kg/hm^2；种植面积较大的地区依次是河北、山西、内蒙古、陕西、辽宁、河南、山东、黑龙江、甘肃、吉林和宁夏回族自治区（以下简称宁夏），总面积123万 hm^2，占全国谷子面积的98.4%，单产平均1 760kg/hm^2，其中黑龙江、吉林、辽宁三省谷子面积19.5万 hm^2，占全国谷子面积的15.6%，单产平均1 448kg/hm^2，河北、山西、内蒙古谷子面积75.4万 hm^2，占全国谷子面积的60.3%，单产平均1 760kg/hm^2，陕西、甘肃、宁夏谷子面积14.6万 hm^2，占全国谷子面积的11.7%，单产平均980kg/hm^2，河南、山东谷子面积13.5万 hm^2，占全国谷子面积的10.8%，单产平均2 003kg/hm^2。随着谷子优良品种的推广和栽培技术的改进，提高谷子品质和生产效益成为我国今后谷子生产的发展方向。

2. 谷子栽培区划

我国谷子栽培范围广，自然条件复杂，栽培制度不同，栽培品种各异，从而形成了地区间的差异。20世纪90年代，王殿赢等根据我国谷子生产形势的变化，在原东北春谷区、华北平原区、内蒙古高原区和黄河中上游黄土高原区4个产区划分的基础上，根据谷子播种期和熟性及区域性将中国谷子主产区划分为五大区11个亚区。

（1）春谷特早熟区。

①黑龙江沿江和长白山高寒特早熟亚区。包括我国最北部的黑龙江沿江各县及长白山高海拔县。该区气候寒冷，是我国种谷北界，谷子品种生育期100天以下。对温度和短日照反应中等，对长日照反应敏感。该地区谷子常与大豆、高粱、玉米等进行3年轮作。栽培品种多为不分蘖、植株矮小、穗小、粒小、上籽快的早熟品种。

②晋冀蒙长城沿线高寒特早熟亚区。包括内蒙古中部南沿、晋西北和冀北坝上高寒地区。该区谷子品种生育期100天左右，对日照和温度反应敏感。抗旱性强，植株矮小、穗短、不分蘖。

（2）春谷早熟区。

①松嫩平原、岭南早熟亚区。包括黑龙江省除松花江平原和黑龙江沿线以外的全部吉林长白山东西两侧、内蒙古大兴安岭东南各旗。该区谷子品种生育期100~110天，对短日照和温度反应中等，对长日照反应不敏感至中等，植株较矮，穗较短，粒较小，不分蘖。

②晋冀蒙甘宁早熟亚区。包括河北张家口顶下、山西大同盆地及东西两山高海拔县、内蒙古中部黄河沿线两侧、宁夏六盘山区、陇中和河西走廊、北京北部山区。该区谷子品种生育期110天左右，对日照反应敏感，对温度反应中等至敏感。抗旱性强，秆矮不分蘖，穗较长，粒大。

（3）春谷中熟区。

①松辽平原中熟亚区。包括黑龙江南部的松花江平原，吉林松花江上游河谷、长春、白城平原，内蒙古赤峰、兴安盟山地和西辽河灌区。本区东西两翼为丘陵山区，中部是广阔的松辽平原，是春谷面积最大的亚区。品种对短日照反应中等，对长日照反应不敏感至中等。感温性弱。

②黄土高原中部中熟亚区。包括冀西北山地丘陵、晋西黄土丘陵、晋东太行山地、陕北丘陵沟壑和长城以北的风沙区。本区谷子品种生育期120天左右，对长日照反应中等至敏感，

谷子品种抗旱耐瘠，植株中等，穗特长。

（4）春谷晚熟区。

①辽吉冀中晚熟亚区。包括吉林四平、辽宁铁岭平原、辽西北丘陵、辽东山区、冀东承德丘陵山区。是辽宁、河北春谷主产区。谷子品种对短日照反应中等，对长日照不敏感，温度反应多不敏感。植株较高，穗较长，粒小，生育期110~125天。

②辽冀沿海晚熟亚区。包括沈阳以南的辽东半岛、辽西走廊和河北唐山地区。谷子品种温度反应敏感，短日高温生育期长，显著不同于其他春谷区。株高中等，生育期120天以上。本区已由春谷向夏谷发展。

③黄土高原南部晚熟亚区。包括山西太原盆地、上党盆地、吕梁山南段、陇东径渭上游丘陵及陇南少数县、陕西延安地区。本区南界为春夏谷交界线，南部有少量夏谷，但面积和产量都不稳定。谷子品种对短日照反应中等至敏感，对长日照反应中等；温度反应不敏感，生育期120~130天，植株高大繁茂、穗较长，有少量分蘖，籽粒小。

（5）夏谷区。

①黄土高原夏谷亚区。包括山西汾河河谷、临汾、运城盆地、泽州盆地南部、陕西渭北旱塬和关中平原。该区3个不同熟期地段，生育期80~90天。品种对短日照反应中等至敏感，对长日照不敏感，个别敏感，对温度反应不敏感，个别敏感；短日高温生育期短至中等。植株较高，穗较长，千粒重较高。

②黄淮海夏谷亚区。包括北京、天津以南、太行山、伏牛山以东、大别山以北、渤海和黄海以西的广大华北平原，是我国夏谷主产区。品种对短日照不敏感至中等，对长日照不敏感。品种多为中早熟类型，少数晚熟，一般生育期80~90天。植株较矮，穗较长，粒小。

3. 谷子的分类

谷子类型的划分：依据籽粒粳、糯性划分，可分为硬谷、红酒谷；依据穗型、秆色、刚毛色等划分，可分为龙爪谷、毛梁谷、青谷、红谷等；依据植株叶色、辅色、分蘖多少划分，可分为白秆谷、紫秆谷、青秆谷等；依生育期划分，可分为早熟类型（春谷少于 110 天、夏谷 70~80 天）、中熟类型（春谷 111~125 天、夏谷 81~91 天）、晚熟类型（春谷 125 天以上、夏谷 90 天以上）。

二、主要优良品种介绍

（一）冀谷 20

河北省农林科学院谷子研究所选育。生育期 87 天，株高 121.4cm，抗旱、抗倒、耐涝性均为 1 级，对谷锈病、谷瘟病、纹枯病抗性亦为 1 级，抗红叶病、白发病。一般单产 4 960kg/hm² 左右。适宜在河北、河南、山东夏谷区种植，也可在唐山、秦皇岛、山西中部、宁夏南部春播。

（二）冀谷 21

河北省农林科学院谷子研究所选育。生育期 85 天，株高 119.2cm，高度耐涝，抗倒性、抗旱性均为 1 级，对谷锈病、谷瘟病、纹枯病抗性均为 1 级，抗白发病、红叶病，一般单产 4 957kg/hm² 左右。适宜在河北、河南、山东夏谷区种植，也可在唐山、秦皇岛、山西中部、宁夏南部春播。

（三）衡谷 9 号

河北省农林科学院旱作农业研究所选育。生育期 89 天，株高 116.9cm，抗倒、耐涝性为 3 级，抗旱性为 1 级，对谷锈病抗性为 1 级，对谷瘟病、纹枯病抗性分别为 3 级、2 级，红叶病、线虫病发病率分别为 0.5%、0.3%，抗白发病，一般单产 4 785kg/hm² 左右。适宜在河北、河南、山东夏谷区种植。

（四）谷丰 1 号

河北农林科学院谷子研究所选育。夏播中晚熟品种，生育期 89 天，一般单产 3 750~6 000kg/hm²。抗倒伏，抗谷锈病、谷瘟病和红叶病，耐旱能力强，黄谷黄米，籽粒含粗蛋白

12.28%、粗脂肪 3.85%、直链淀粉 14.12%。适宜在冀、鲁、豫两作制地区夏茬种植，也可在燕山、太行山区春播。

（五）鲁谷 10 号

山东省农业科学院作物研究所选育。夏播中早熟品种，生育期 85 天，成株株高 110~120cm，适口性中等，抗倒伏能力稍差，抗谷瘟病、红叶病、白发病，感锈病，一般单产 4 800kg/hm²。含粗蛋白 10.9%、粗脂肪 3.19%。适宜冀、鲁、豫两作制地区中等肥力地块夏茬种植。

（六）豫谷 9 号

河南省农业科学院作物研究所选育。夏播中熟品种，生育期 87 天，成株株高 115cm 左右，抗倒伏、抗旱耐涝性较强，抗白发病、红叶线虫病，抗谷锈病中等，一般单产 4 600kg/hm²。黄谷黄米，适口性好。适于冀、鲁豫两作制地区中等以上肥力地块夏茬种植。

（七）晋谷 21

山西省农业科学院经济作物研究所选育。春播中熟品种，生育期 125 天左右。成株株高 150cm 左右，耐旱性强，抗倒伏，对谷瘟病敏感程度中等。黄谷黄米，适口性较好，小米含粗蛋白 10.67%、粗脂肪 5.68%、赖氨酸 0.28%，适于山西、陕西、河北、内蒙古中熟春谷区种植。

（八）晋谷 27

山西省农业科学院谷子研究所选育。春播晚熟品种，生育期 128 天，成株株高 135cm 左右，耐旱性强，抗倒伏，抗谷瘟病能力中等，一般单产为 3 700kg/hm²。适口性较好，小米含粗蛋白 11.83%、粗脂肪 2.14%、直链淀粉 16.60%。适于山西晋中、阳泉、长治、晋城等地春播和临汾、运城复种。

（九）晋谷 29

山西省农业科学院经济作物研究所。生育期 120 天左右，属中晚熟品种。株高 130cm，主穗长 20cm，单穗粒重 15.5~18.0g，出谷率 77.8%，一般单产 4 000kg/hm² 左右。小米含蛋白质 13.39%、脂肪 5.04%、赖氨酸 0.37%、直链淀粉 12.20%，胶稠度 14.4mm，碱硝指数 3.2。适宜山西、陕西、甘肃、河北、北京等春谷区种植。

（十）长农 35

山西省农业科学院谷子研究所选育。春播晚熟品种，生育期 128 天，株高 143.3cm，抗倒性、耐旱性均为 1 级，抗锈性亦为 1 级，对谷瘟病、线虫病、纹枯病、黑穗病抗性强，一般单产 3 852kg/hm²。小米含粗蛋白 13.10%、粗脂肪 3.62%、赖氨酸 0.31%、直链淀粉 14.18%，适宜在山西中南部、陕西延安、甘肃东部无霜期 150 天以上地区春播。

（十一）晋谷 36

山西省农业科学院遗传研究所选育。生育期 141 天，株高 155.8cm，抗倒性、耐旱性均为 1 级，抗锈性为 1 级，抗谷瘟病、纹枯病、黑穗病、线虫病，一般单产 3 990kg/hm²。适宜在山西中南部、陕西延安、甘肃东部无霜期 150 天以上地区春播。

（十二）兴谷 88

山西省农业科学院选育。生育期 140 天，株高 127.8cm，抗倒性、耐旱性为 1 级，抗锈性为 1 级，抗谷瘟病、纹枯病、黑穗病、线虫病，红叶病发病率为 6.27%，白发病发病率为 0.6%，虫蛀率为 4%。一般单产 3 702kg/hm²。适宜在山西中南部、陕西延安、甘肃东部、辽宁铁岭无霜期 150 天以上地区春播。

（十三）张杂谷 3 号

河北省张家口坝下农业科学研究所、中国农业科学院品种资源研究所（现为中国农业科学院作物科学研究所）选育。生育期 125 天，株高 112.4cm，抗谷锈病、谷瘟病、纹枯病、白发病、线虫病，耐旱性为 1 级，红叶病、黑穗病发病率分别为

0.25%和3.49%，抗倒性为3级，一般单产5 080.5kg/hm²。适宜在河北张家口坝下、山西北部、陕西榆林、内蒙古呼和浩特地区春播。

（十四）承谷12

中种集团承德长城种子有限公司选育。生育期121天，株高133.3cm，抗倒性为3级，耐旱性为1级，对谷锈病、谷瘟病抗性为1级，抗纹枯病、黑穗病、线虫病，红叶病发病率为2.78%，白发病发病率为5.5%，虫蛀率为2.42%，一般单产4 467kg/hm²。适宜在河北北部、山西中部、辽宁朝阳春播。

（十五）公谷68

吉林省农业科学院作物育种研究所选育。生育期126天，株高158.4cm，中抗倒伏，抗旱、耐涝性均为1级，对谷锈病、谷瘟病、纹枯病、黑穗病抗性也为1级，抗白发病。一般单产4824kg/hm²，适宜在吉林中、西部和辽宁北部种植。

（十六）赤谷10号

赤峰市农业科学院选育。具有抗旱、抗倒伏、抗病、粮草双丰、适应性广、生育期适中的特点。平均单产籽实4 717.5kg/hm²。适于2 800℃以上积温区的旱平地、坡地和水浇地种植。

（十七）张杂谷8号

为春夏播兼用的杂交种。该品种根系发达，茎秆粗壮，叶片宽厚，生长势强，适宜在河北、山西、陕西、甘肃、内蒙古等省、自治区，以及≥10℃积温2 900℃以上肥水条件好的地区春播种植。还适宜在河北、山西、陕西、河南等省二季作区夏播种植。

三、高产栽培技术

（一）轮作倒茬

谷子忌连作，连作一是病害严重，二是杂草多，三是大量消耗土壤中同一营养要素，造成"歇地"，致使土壤养分失调。因此，必须进行合理轮作倒茬，才能充分利用土壤中的养分，减少病虫杂草的危害，提高谷子单位面积产量。

谷子对前作无严格要求，但谷子较为适宜的前茬以豆类、油菜、绿肥作物、玉米、高粱、小麦等作物为好。谷子要求 3 年以上的轮作。

（二）精细整地

1. 秋季整地

秋收后封冻前灭茬耕翻，秋季深耕可以熟化土壤，改良土壤结构，增强保水能力；加深耕层，利于谷子根系下扎，扩大根系数量和吸收范围，增强根系吸收肥水能力，使植株生长健壮，从而提高产量。耕翻深度 $20 \sim 25 cm$，要求深浅一致、不漏耕。结合秋深耕最好一次施入基肥。耕翻后及时耙耢保墒，减少土壤水分散失。

2. 春季整地

春季土壤解冻前进行"三九"滚地，当地表土壤昼夜化冻时，要顶浆耕翻，并做到翻、耙、压等作业环节紧密结合，消灭柯垃，碎土保墒，使耕层土壤达到疏松、上平下碎的状态。

（三）合理施肥

增施有机肥可以改良土壤结构，培肥地力，进而提高谷子产量。有机肥作基肥，应在上年秋深耕时一次性施入，有机肥施用量一般为 $15\,000 \sim 30\,000 kg/hm^2$，并混施过磷酸钙 $600 \sim 750 kg/hm^2$。以有机肥为主，做到化肥与有机肥配合施用，有机氮与无机氮之比以 $1 : 1$ 为宜。

基肥以施用农家肥为主时，高产田以 7.5 万 ~ 11.2 万 kg/hm^2 为宜，中产田 2.2 万 ~ 6.0 万 kg/hm^2。如将磷肥与农家肥混合沤制作基肥效果最好。

种肥在谷子生产中已作为一项重要的增产措施而广泛使用。氮肥作种肥，一般可增产 10% 左右，但用量不宜过多。以硫酸铵作种肥时，用量以 37.5kg/hm² 为宜，尿素以 11.3~15.0kg/hm² 为宜。此外，农家肥和磷肥作种肥也有增产效果。

追肥增产作用最大的时期是抽穗前 15~20 天的孕穗阶段，一般以纯氮 75kg/hm² 左右为宜。氮肥较多时，分别在拔节始期追施"坐胎肥"，孕穗期追施"攻粒肥"。最迟在抽穗前 10 天施入，以免贪青晚熟。在谷子生育后期，叶面喷施磷肥和微量元素肥料，也可以促进开花结实和籽粒灌浆。

（四）播种

1. 选用良种与种子处理

选择适合当地栽培，优质、高产、抗病虫、抗逆性强，适应性广、粮草兼丰的谷子品种。其中大面积推广的有赤谷 10 号、长农 35、晋谷 22、张杂谷 3 号、龙谷 29、铁谷 7 号、公谷 63、黏谷 1 号等品种。

谷子播种前进行种子处理。种子处理有筛选、水选、晒种、药剂拌种和种子包衣等。药剂拌种可以防治白发病、黑穗病和地下害虫等。

（1）筛选。通过簸、筛和风车清选，获得粒大、饱满、整齐一致的种子。

（2）水选。将种子倒入清水中并搅拌，除去漂浮在水面上轻而小的种子，沉在水底粒大饱满的种子晾干后可供播种用。也可用 10%~15% 盐水选种，将杂质秕谷漂去，再用清水冲洗两次洗净盐分，晾干后就可用于播种，还可除去种子表面的病菌孢子。盐水选种比清水选种更好。

（3）晒种。播种前 10 天左右，选择晴朗天气将种子翻晒 2~3 天，能提高种子的发芽率和发芽势，以促进苗全、苗壮。

（4）药剂拌种。用 25% 瑞毒霉可湿性粉剂按种子量的 0.3% 拌种，防白发病；用种子量的 0.2%~0.3% 的 75% 粉锈宁可湿性粉剂或 50% 多菌灵可湿性粉剂拌种，防黑穗病。

此外，种子包衣，有防治地下害虫和增加肥效的功能。

2. 播种期与播种方式

（1）播种期。适期播种是保证谷子高产稳产的重要措施之一，我国谷子产区自然条件和耕作制度差别很大，加上品种类型繁多，因而播期差别较大。春谷一般在5月上旬至6月上旬（立夏前后）播种为宜，当5cm地温稳定在7~8℃时即可播种，墒情好的地块要适时早播。夏谷主要是冬小麦收获后播种，应力争早播。秋谷主要分布在南方各省，一般在立秋前后下种，育苗移栽的秋谷应在前茬收获的20~30天前播种，以便适期移栽。此外，北方少数地区还有晚秋种谷的，即所谓"冬谷"或"闷谷"。播种时间一般在冬前气温降到2℃时较好。

早熟品种类型，随播期的延迟，穗粒数、千粒重、茎秆重有增加的趋势；中熟品种适当早播，穗粒数、穗粒重、千粒重、茎秆重均较高；晚熟型品种，早播时穗粒数、穗粒重和千粒重均较高。因而晚熟品种应争取早播，中熟品种可稍迟，早熟品种宜适当晚播，使谷子生长发育各阶段与外界条件较好的配合。

（2）播种方法。谷子播种方式有耧播、沟播、垄播和机播。

①耧播。是谷子主要的播种方式，耧播在1次操作中可同时完成开沟、下籽、覆土3项工作，下籽均匀，覆土深浅一致，失墒少，出苗较好，适应地形广。全国大多数谷子产区采用耧播。

②沟播。是我国种谷的一项传统经验，有的地方称垄沟种植，优点是保肥、保水、保土，谷子在内蒙古东部谷子主产区赤峰种植采用沟播方式进行，一般可增产10%~20%。

③垄播。主要在东北地区，谷子种在垄上，有利于通风透光，提高地温，利于排涝及田间管理。

④机播。以30cm双行播种产量最高，机播具有下籽匀、保墒好、工效高、行直、增产显著等特点。

3. 播种量与密度

根据谷子品种特性、气候和土壤墒情，确定适宜的播种量，创建一个合理的群体结构，使叶面积指数大小适宜，并保持一个合理发展状态，增加群体干物质积累量，进而实现高产。

春谷播量一般为 7.5kg/hm² 左右，夏谷播量 9kg/hm²。一般行距在 42~45cm。一般晚熟、高秆、大穗、分蘖多的品种宜稀，反之，宜密。穗子直立，株型紧凑的品种，可适当密植；反之叶片披垂，株型松散的品种，密度要适当稀些。

播种深度 3~5cm，播后覆土 2~3cm。间苗时留拐子苗，株距 4.5~5cm。一般旱地每公顷留苗 30 万~45 万株，水地留苗 45 万~60 万株。

（五）田间管理

1. 保全苗

播前做好整地保墒，播后适时镇压增加土壤表层含水量，利于种子发芽和出苗。发现缺苗垄断可补种或移栽，一般在出苗后 2~3 片叶时进行查苗补种。以 3~4 片叶时为间苗适期，通过间苗，去除病、弱和拥挤丛生苗。早间苗防苗荒，利于培育壮苗，根系发达，植株健壮，是后期壮株、大穗的基础，是谷子增产的重要措施，一般可增产 10% 以上。谷子 6~7 片叶时结合留苗密度进行定苗，留 1 茬拐子苗（三角形留苗），定苗时要拔除弱苗和枯心苗。

2. 蹲苗促壮

谷苗呈猫耳状时，在中午前后用碌子顺垄压 2~3 遍，有提墒防旱壮苗的作用。在肥水条件好、幼苗生长旺的田块，应及时进行蹲苗。蹲苗的方法主要在 2~3 片叶时镇压、控制肥水及多次深中耕等，实现控上促下，培育壮苗。一般幼穗分化开始，蹲苗应该结束。

3. 中耕除草

谷子的中耕管理大多在幼苗期、拔节期和孕穗期进行，一般进行 3 次。第一次中耕在苗期结合间定苗进行，兼有松土和除草双重作用。中耕掌握浅锄、细碎土块、清除杂草的技术。

进行第二次中耕在拔节期（11~13 片叶）进行，此次中耕前应进行一次清垄，将垄眼上的杂草、谷莠子、杂株、残株、病株、虫株、弱小株及过多的分蘖，彻底拔出。有灌溉条件的地方应结合追肥灌水进行，中耕要深，一般深度要求 7~10cm，同时进行少量培土。第三次中耕在孕穗期（封行前）进行，中耕深度一般以 4~5cm 为宜，结合追肥灌水进行。这次中耕除松土、清除草和病苗弱苗外，同时进行高培土，以促进植株基部茎气生根的发生，防止倒伏。

中耕要做到"头遍浅，二遍深，三遍不伤根"。

4. 灌溉排水

谷子一生对水分需求可概括为苗期宜旱、需水较少，中期喜湿需水量较大，后期需水相对减少但怕旱。

谷子苗期除特殊干旱外，一般不宜浇水。

谷子拔节至抽穗期是一生中需水量最大、最迫切的时期。需水量为 244.3mm，占总需水量的 54.9%。该阶段干旱可浇 1 次水，保证抽穗整齐，防止"胎里旱"和"卡脖旱"，而造成谷穗变小，形成秃尖瞎码。

谷子灌浆期处于生殖生长期，植株体内养分向籽粒运转，仍然需要充足的水分供应。需水量为 112.9mm，占总需水量的 25.4%。灌浆期如遇干旱，即"秋吊"，浇水可防止早衰，但应进行轻浇或隔行浇，不要淹漫灌，低温时不浇，以免降低地温，影响灌浆成熟。风天不浇，防治倒伏。

灌浆期雨涝或大水淹灌，要防止田间积水，应及时排除积水，改善土壤通气条件，促进灌浆成熟。

（六）谷子病虫害防治

谷子病虫害主要是白发病、粟灰螟、粟叶甲、粟茎跳甲、粟芒蝇、黏虫等，要防治好这些病虫害，必须要抓住关键环节，并要采取综合措施。

1. 防治原则

应坚持"预防为主，综合防治"的方针。优先采用农业防治、生物防治、物理防治，科学使用化学防治。使用化学农药时，应执行 GB 4286 和 GB/T 8321（所有部分）。禁止使用国家明令禁止的高毒、剧毒、高残留的农药及其混配农药品种。应合理混用、轮换、交替用药，防止和推迟病虫害抗性的产生和发展。

2. 防治方法

（1）农业防治。选用抗（耐）病优良品种；合理布局，实行轮作倒茬；彻底清除谷茬、谷草和杂草；定苗时先要拔除"灰背"病株，防止病害蔓延；适当晚播，白发病、粟灰螟等主要为害早播谷子，所以，适当晚播可减轻病虫害的发生。

（2）生物防治。保护和利用瓢虫等自然天敌，杀灭蚜虫等害虫。

（3）物理防治。根据害虫生物学特性，采取糖醋液、黑光灯或汞灯等方法诱杀蚜虫等害虫的成虫。

（4）药剂防治。对于粟茎跳甲、粟灰螟、粟叶甲、粟芒蝇、黏虫等谷子害虫，可用苏云金杆菌粉 500g 加 10~15kg 滑石粉或其他细粉混匀配成 500 倍液喷雾，或用 2.5% 溴氰菊酯乳油 2 500 倍液喷雾，或用 21% 氰马乳油 2 500 倍液喷雾防治。

四、适时收获与贮藏

适期收获是保证谷子高产丰收的重要环节，谷子适宜收获期在蜡熟末期至完熟期最好。当谷穗背面没有青粒，谷粒全部变黄、硬化后及时收割。收获过早，秕粒多或不饱满，谷粒含水量高，出谷率低，产量和品质下降；收获过迟，纤维素分解，茎秆干枯，谷壳口松落粒严重，造成产量损失。

谷子有后熟作用，收获的谷子堆积数天后再切穗脱粒，可增加粒重。

风干后脱粒，脱粒后应及时晾晒，一般籽粒含水量在 13%

以下可入库贮藏。仓库要保证仓顶不漏水，地面不返潮，门窗设网防止鸟、鼠、虫入内。

第二节　高　粱

　　高粱又名蜀黍、芦粟、秫秫，是世界居水稻、玉米、小麦、大麦后的第五大谷类作物，也是中国最早栽培的禾谷类作物之一。高粱起源问题目前尚未定论，但是多数学者认为原产于非洲，经驯化后传入印度，后传入我国及远东，在中国已经有7 000年的栽培历史。高粱光合效率高、抗逆力强、适应性广、用途多样、变异多，其中非洲是产生高粱变种最多的地区。种类繁多的野生高粱和栽培高粱遍布于世界各大洲的热带和亚热带、南北温带的平原、丘陵、高原和山区。高粱长期生长在干旱、少雨、气候恶劣、土壤贫瘠、风沙大的地区，作为"生命之谷""救命之谷"在人类的发展史上曾经起到相当重要的作用。高粱的生物学产量和经济产量均较高，是我国的重要粮食作物、饲用作物和能源作物，也是重要的旱地、盐碱地栽培作物。

一、概述

（一）高粱在我国的生产发展现状及分布

　　高粱在中国有悠久的栽培历史。20世纪初，高粱在中国已是普遍种植的作物。据朱道夫（1980）统计资料，1914年全国高粱种植面积740万 hm^2，栽培面积最大的省份是辽宁和山东（均在200万 hm^2 以上），其次是河北、吉林（各在150万 hm^2 以上）。1952年全国高粱播种面积940万 hm^2，占全国农作物播种面积的7.5%，总产量达1 110万 t，平均每公顷1 185kg。但随着农业生产条件的逐步改善和人们生活水平的不断提高，高粱种植面积逐渐减少。到1960年，全国高粱种植面积为400万 hm^2。20世纪60—70年代，高粱杂交种的推广应用大大提高其单产水平，种植面积增加到600万 hm^2 左右。1980年，全国高粱播种面积为 269 万 hm²，平均单产 2 520kg/hm²，总产 675 万 t。虽然高粱种植面积继续有所下降，但由于单产的提高，总产略有下降。以 1999 年统计资料为例，世界高粱种植面积为 4 481.6 万 hm²，总产 6 581 万 t，单产 1 468kg/hm²；中国高粱种植面积 146.3 万 hm²，占世界高粱总面积的 3.3%；总产 585.7 万 t，占世界高粱总产量的 8.9%，单产 4 005kg/hm²；我国高粱面积排在印度、尼日利亚、美国、墨西哥之后，列第五位；总产列在美国、印度、尼日利亚、墨西哥之后，也排第五位；而单产为世界平均单产的 2.7 倍，列在这几个主产国的第二位，仅比美国低 6.5%。1999 年与 1980 年相比，高粱种植面积减少了 123 万 hm²，下降了 45.7%，但是平均单产达到 4 005 kg/hm²，比 1980 年平均单产增加了 1 485kg，提高了 59%。因此，总产基本持平，仅下降了 13.2%。高粱作为我国北方旱粮作物在生产上仍占有重要地位。

20 世纪 80 年代以来，中国高粱生产发生了较大的转变：第一，高粱种植区域由生产条件较好的平肥地向生产条件较差的干旱、半干旱、盐碱、瘠薄地区发展；第二，高粱产品由大部分食用转向酿造用、饲用、食品加工、造纸、制板材、帚用、提取色素等综合利用；第三，高粱生产目的由单纯增加籽粒产量向优质、专用产品发展。进入 21 世纪，全国高粱生产发生了新的变化，为适应国家畜牧业快速发展对饲料、饲草的需求，高粱作为饲料作物生产发展很快，尤其是草高粱（高粱与苏丹草杂交种）生产发展更快。

此外，为了满足我国国民经济快速发展对能源的需求，甜高粱作为可再生的生物质能源作物，由于具有生物学产量高、含糖量高、酒精转化容易而表现出巨大的发展空间和潜势。

目前，高粱在中国的分布极广，几乎全国各地均有种植。但主产区却很集中，秦岭、黄河以北，特别是长城以北是中国高粱的主产区。由于高粱栽培区的气候、土壤、栽培制度的不同，栽培品种的多样性特点也不一样，故高粱的分布与生产带有明显的区域性，全国分为 4 个栽培区：春播早熟区、春播晚熟区、春夏兼播区和南方区。

1. 春播早熟区

包括黑龙江、吉林、内蒙古等地全部，河北省承德地区、张家口坝下地区，山西、陕西省北部，宁夏干旱区，甘肃省中部与河西地区，新疆北部平原和盆地等。本区处于北纬 34°30″~48°50″，海拔 300~1 000m，年平均气温 2.5~7.0℃，活动积温（≥10℃的积温量）2 000~3 000℃，无霜期 120~150 天，年降水量 100~700mm。生产品种以早熟和中早熟种为主，由于积温较低，高粱生产易受低温冷害的影响，应采取防低温、促早熟的技术措施。本区为一年一熟制，通常 5 月上中旬播种，9 月收获。

2. 春播晚熟区

本区包括辽宁、河北、山西、陕西等省的大部分地区，北京市、天津市、宁夏的黄灌区、甘肃省东部和南部、新疆的南疆和东疆盆地等，是中国高粱主产区，单产水平较高。本区位于北纬 32°~41°47″，海拔 300~2 000m，年平均气温 8~14.2℃，活动积温 3 000~4 000℃，无霜期 150~250 天，年降水量 16.2~900mm。本区基本上为一年一熟制，由于热量条件较好，栽培品种多采用晚熟种。近年来，由于耕作制度改革，麦收后种植夏播高粱，一年一熟改为二年三熟或一年二熟。

3. 春夏兼播区

本区包括山东、江苏、河南、安徽、湖北、河北等省的部分地区。本区位于北纬 24°15″~38°15″，海拔 240~3 000m，年平均气温 14~17℃，活动积温 4 000~5 000℃，无霜期 200~280 天，年降水量 600~1 300mm。本区春播高粱与夏播高粱各占一半左右，春播高粱多分布在土质较为瘠薄的低洼、盐碱地上，多采用中晚熟种；夏播高粱主要分布在平肥地上，作为夏收作物的后茬，多采用生育期不超过 100 天的早熟种。栽培制度以一年二熟或二年三熟为主。

4. 南方区南方区

包括华中地区南部，华南、西南地区全部。本区位于北纬 18°10″~30°10″，海拔 400~1 500m，年平均气温 16~22℃，活动积温 5 000~6 000℃，无霜期 240~365 天，年降水量 1 000~2 000mm。南方高粱区分布地域广阔，多为零星种植，种植相对较多的省份有四川、贵州、湖南等省。本区采用的品种短日性很强，散穗型、糯性品种居多，大部分具分蘖性。栽培制度为一年三熟，近年来再生高粱有一定发展。

（二）高粱在国民经济发展中的意义

1. 营养健身功能

高粱的营养价值与玉米近似，稍有不同的是高粱籽粒中的淀粉、蛋白质、铁的含量略高于玉米，而脂肪、维生素 A 的含量低于玉米。高粱籽粒中淀粉含量 65%~70%，蛋白质含量为 9%~11%，其中约有 0.28% 的赖氨酸、0.11% 的蛋氨酸、0.18% 的胱氨酸、0.10% 的色氨酸、0.37% 的精氨酸、0.24% 的组氨酸、1.42% 的亮氨酸、0.56% 的异亮氨酸、0.48% 的苯丙氨酸、0.30% 的苏氨酸、0.58% 的缬氨酸。高粱糠中粗蛋白含量达 10% 左右，在鲜高粱酒糟中为 9.3%，在鲜高粱渣中为 8.5% 左右。高粱秆及高粱壳的蛋白质含量较少，分别为 3.2% 及 2.2% 左右。高粱蛋白质略高于玉米，同样品质不佳，缺乏赖氨酸和色氨酸，蛋白质消化率低，原因是高粱醇溶蛋白的分子间交联较多，而且蛋白质与淀粉间存在很强的结合键，致使酶难以进入分解。脂肪含量 3%，略低于玉米，脂肪酸中饱和脂肪酸也略高，所以，脂肪熔点也略高些。亚油酸含量也较玉米稍低。高粱加工的副产品中粗脂肪含量较高。风干高粱糠的粗脂肪含量为 9.5% 左右，鲜高粱糠的粗脂肪含量为 8.6% 左右。酒糟和醋渣中分别为 4.2% 和 3.5%。籽粒中粗脂肪的含量较少，仅为 3.6% 左右，高粱秆和高粱壳中含量也较少。无氮浸出物包括淀粉和糖类，是饲用高粱中的主要成分，也是畜禽的主要能量来源，饲用高粱中无氮浸出物的含量为 17.4%~71.2%。高粱秆和高粱壳中的粗纤维较多，其含量分别为 23.8% 和 26.4% 左右。淀粉含量与玉米相当，但高粱淀粉颗粒受蛋白质覆盖程度高，故淀粉的消化率低于玉米，有效能值相当于玉米的 90%~95%。高粱秆和高粱壳营养价值虽不及精料，但来源较多，价格低廉，能降低饲养成本。

矿物质与维生素矿物质中钙、磷含量与玉米相当，磷为 40%~70%，为植酸磷。维生素中 B_1、维生素 B_6 含量与玉米相同，泛酸、烟酸、生物素含量多于玉米，但烟酸和生物素的利用率低。据中央卫生研究院（1957）分析，每千克高粱籽粒中含有硫胺素（维生素 B_1）1.4mg、核黄素（维生素 B_2）0.7mg、尼克酸 6mg。成熟前的高粱绿叶中粗蛋白的含量约为 13.5%，核黄素的含量也较丰富。高粱的籽粒和茎叶中都含有一定数量的胡萝卜素，尤其是作青饲或青贮时含量较高。

单宁属水溶性多酚化合物，也称鞣酸或单宁酸。单宁具有强烈的苦涩味，影响适口性；单宁能与蛋白质和消化酶结合，影响蛋白质和氨基酸的利用率。

高粱有一定的药效，具有和胃、健脾、消积、温中、养胃、止泻的功效适于小儿消化不良、脾胃气虚、大便溏薄之人食用。高粱根也可入药，可平喘、利尿、止血。

2. 开发利用价值

（1）食品加工。高粱曾是我国北方地区的主要粮食作物之一，随着人民生活水平的提高，其食用的重要性有所下降，但仍然是部分地区农民不可缺少的调剂食品。随着现代加工技术的提高，高粱的加工食品也日益增多，如稀粥、高粱面包、高粱早餐食品、糕点等。

（2）酿制白酒。高粱是生产白酒的主要原料。在我国，以高粱为原料蒸馏白酒已有 700 年的历史。高粱籽粒中除了含有酿酒所需的大量淀粉、适量的蛋白质及矿物质外，更主要的是高粱籽粒中含有一定量的单宁。适量的单宁对发酵过程中的有害微生物有一定的抑制作用，能提高出酒率。单宁产生的丁香酸和丁香醛等香味物质，又能增加白酒的芳香风味。因此，含有适量单宁的高粱品种是酿制优质酒的佳料。近年来，随着人民生活水平的提高，酿酒工业迅速发展，对原料的需求量日益增多，酿酒原料是高粱的一个主要去向。另外，高粱也是酿制啤酒的主要原料。

（3）饲用。高粱作为家畜和家禽的饲料，其饲用价值与玉米相似，在饲料中添加一定量的高粱可以增加牲畜的瘦肉比例，还可防治牲畜的肠道传染病。饲草高粱，又称为高丹草，是食用高粱与苏丹草杂交而成的一种新型饲草，它们可集合双亲的优点，既有高粱的抗旱、耐倒伏性、高产等特性，又有苏丹草的强分蘖性、抗病性、营养价值高、氰化物含量低、适口性好等特性，种间杂种优势强，为综合农艺性状优良的一年生饲用作物，在畜牧业发展中推广利用前景广阔。

（4）加工利用。甜高粱的茎秆含有大量的汁液和糖分，是近年来新兴的一种糖料作物、饲料作物和能源作物。当前，用甜高粱生产酒精已引起全世界的重视，甜高粱已成为一种新的绿色可再生的高效能源作物，酒精产量高达 6 000L/hm^2，用甜高粱茎秆生产酒精比用粮食生产酒精成本低 50% 以上。因此，新的甜高粱品种育成和应用，经加工转化，可获得大量酒精，为汽车工业等提供优质能源，这将有效缓解能源危机，同时可以增加农民收入，具有良好的经济、社会和生态效益。

工艺用高粱的茎皮坚韧，有紫色和红色类型，是工艺编织的良好原料；有的高粱类型适于制作扫帚，穗柄较长者可制帘、盒等多种工艺品；高粱淀粉可用于食品工业、胶黏剂、伸展剂、填充剂、吸附剂。此外，高粱可用来制糖、制醋、制板材、造纸，也可以加工成麦芽制品、高粱饴糖等。

二、主要优良品种介绍

(一) 辽杂 11、辽杂 12 和辽杂 13

辽杂 11 和辽杂 12 是辽宁省农业科学院以 7050A 为母本、分别以 148 和 654 为父本组配而成的杂交高粱新品种。2001 年 12 月经辽宁省农作物品种审定委员会审定推广。两个新品种的生育期分别为 110~115 天和 26~130 天,属中熟和晚熟品种,产量高,亩产均在 500kg 以上。

辽杂 11 株高为 187cm,穗长 28.6cm,穗中散,长纺锤形,壳紫红,红粒。穗粒重 89.6g,千粒重 33.9g,出籽率 80%~85%,角质率 55%,适口性好,品质好,籽粒含粗蛋白 13%、总淀粉 68.75%、赖氨酸 0.26%、单宁 1.49%。黑穗病接菌种无发病,高抗黑穗病,抗叶病、抗蚜虫,抗旱、抗倒、耐涝,适于酿酒。适宜在辽宁省大部分地区种植。

辽杂 12 株高 192cm,穗长 30.8cm。花药黄色,壳褐色,白粒白米。穗长纺锤形,中紧穗,穗粒重 100g,千粒重 30g。出米率 85%,角质率 53%,适口性好。籽粒含粗蛋白 11.8%、总淀粉 74.4%、赖氨酸 0.23%、单宁 0.031%。丝黑穗病接菌种发病率 4.0%,高抗丝黑穗病,抗叶病、抗蚜虫,抗旱、抗倒、耐涝。适宜在沈阳以南、辽西无霜期较长的地方种植。

辽杂 13 是辽宁省农业科学院作物研究所和水土保持研究所以 12A 为母本、以 0-30 为父本组配而成的杂交高粱新品种。2001 年 12 月经辽宁省农作物品种审定委员会审定推广。该品种生育期 126~130 天,属晚熟品种。株高 214cm,穗长 29.2cm。花药黄色,中紧穗,牛心形,红壳,橙粒,米黄白色。穗粒重 90g,千粒重 32.9g,出米率 79.4%,角质率 72.5%,适口性好。籽粒含粗蛋白 10.5%、总淀粉 71.28%、赖氨酸 0.2%、单宁 0.10%。丝黑穗病接菌种发病率 2.7%,中抗丝黑穗病,高抗叶病、较抗旱、抗倒。适宜在铁岭、阜新、朝阳以南地区种植。

（二）锦杂 100

锦杂 100 是锦州市农业科学院以外引系 7050A 为母本、以 9544 为父本组配而成的杂交高粱新品种。2001 年 12 月经辽宁省农作物品种审定委员会审定推广。该品种生育期 126 天，属晚熟品种。株高 175.6cm，穗长 29.4cm。花药淡黄色，花粉量多，穗纺锤形，紧穗。壳褐色，籽粒橘黄色，米白色，单穗粒重 89.2g，千粒重 32.5g，出米率 80%，角质率 57.5%，适口性好。籽粒蛋白质含量 12.3%，赖氨酸含量 0.26%，单宁含量 0.12%。丝黑穗病接菌种发病率 5.0%，高抗丝黑穗病，茎秆粗壮，抗旱、抗倒，有分蘖。适宜在锦州、葫芦岛、朝阳、阜新南部、铁岭、辽南等地种植。

（三）两糯 1 号

两糯 1 号高粱品种于 2005 年 3 月通过国家高粱品种鉴定委员会鉴定，是目前世界上具有领先水平的两系杂交糯高粱新品种，具有独特的杂种优势。一是品质优势，表现为糯性好和有自然芳香，在酿制高档白酒、优质曲酒和保健酒时不需像其他三系粳高粱和常规高粱那样添加糯米。因蛋白质含量高和维生素含量丰富，是品质优良的饲料。二是产量优势，表现为稳产高产，在北方一季栽培区 650kg/亩，高产田在 750kg/亩以上。

幼苗绿色，叶色浓绿，总叶片数 16 叶，茎秆粗壮（中部直径 1.4cm），穗纺锤形，中散。籽粒黄色，壳褐色，株高 135cm 左右，穗长 30cm，穗粒重 40~50g，千粒重 20~24g。春播生育期 108 天，再生栽培 90 天，北方夏播 120 天。高抗倒伏和抗旱，中抗丝黑穗病和叶病。籽粒蛋白质含量 10.54%，淀粉含量 71.84%，赖氨酸含量 0.2%，单宁含量 1.2%，糯性好，是酿制高档白酒、曲酒、保健酒的优质原料。

（四）晋杂 20

晋杂 20 是由山西省农业科学院农作物品种资源研究所选育，幼苗绿色，芽鞘绿色，株高 176.0cm，茎粗 1.9cm，穗柄长

32.7cm，穗长 32.3cm，穗中紧，纺锤形，颖壳枣红色，籽粒黄色，穗粒重 106.2g，千粒重 28.4g，生育期 135 天左右，茎秆粗壮，抗倒伏，高抗丝黑穗病。农业部谷物品质监督检验测试中心分析：籽粒含粗蛋白 12.02%、粗淀粉 70.2%、赖氨酸 0.28%、单宁 1.25%，平均产量 9 917kg/hm²。适期早播，4 月中下旬播种为宜。留苗 7 000~7 500株/亩，苗期、灌浆期注意防止蚜虫为害。

（五）帚用高粱——新丰 218

新丰 218 生育期春播 90 天左右，夏播 85 天左右，株高 293~300cm，分枝多、无穗轴，穗长 40~50cm，韧性强，不易折断。茎秆粗壮，气生根发达，耐旱抗涝，抗风抗倒；茎秆再生能力强，可作再生高粱栽培；穗大粒多，平均单株粒数为 2 500 粒左右，籽粒饱满，千粒重 26g。亩产量为 200~250kg，较普通粒用高粱增产 20%以上，籽粒用途同普通粒用高粱。栽培技术与普通粒用高粱基本相同，播种量为 1.0~1.5kg/亩，留苗 5 000~5 500株。

（六）甜高粱——沈农甜杂 2 号

生育期 130 天，植株高大，株高 350cm，茎粗，直径为 2.2cm。籽粒成熟时茎叶鲜绿。茎秆出汁率 68.3%，汁液糖度 16%。茎叶氢氰酸含量极低，对人畜安全。穗子呈散纺锤形，穗长 27.8cm，平均单穗粒重 75g 左右，千粒重 32g，红壳红粒，不着壳。籽粒蛋白质含量 10.39%，脂肪含量 1.67%，纤维含量 29.83%，赖氨酸含量 0.25%，单宁含量 0.14%，无氮浸出物含量 45.07%，符合粒用高粱籽粒标准。根系发达，茎秆健壮抗倒伏，对黑穗病免疫，抗叶斑病，抗鸟害。

该品种属粮秆兼用型新品种，用途极其广泛，可作青饲料或青贮饲料，可生产燃料酒精、制糖、酿酒、酿醋等。沈农甜杂 2 号高粱生长繁茂，产量高，亩产鲜草 5 000kg 以上，结实率 350kg/亩。

（七）食用品质极佳的高粱新品种——冀梁 2 号

冀梁 2 号株高 137cm，叶片宽大，茎秆粗壮，节间短，分蘖力强。肥水充足时，单株分蘖数 2~3 个可以成穗，穗长 30cm。平均单穗粒重 64.8g，千粒重 23.4g。春播生育期 120 天左右，夏播生育期 110 天。籽粒白色，着壳率近于零；角质率 81.3%，蛋白质含量 12.5%，单宁含量 0.025%，赖氨酸含量 0.25%，适口性好，被誉为"二大米"。抗旱、抗倒伏，高抗蚜虫，是一个免疫品种。生产示范产量平均 1.2 万~1.5 万 kg/hm²。因高产抗倒伏，适宜高肥水、高密度种植。

（八）能源专用甜高粱杂交种——辽甜 3 号

辽甜 3 号是国家高粱改良中心选育的能源专用甜高粱杂交种，于 2008 年 1 月 21 日通过国家鉴定。辽甜 3 号的育成，大大提高了甜高粱的产量、含糖量和抗性，为我国甜高粱转化燃料酒精产业的快速发展提供了优良品种和技术支撑。

辽甜 3 号生物学产量高，鲜重平均 7.7 万 kg/hm²，茎秆多糖多汁，茎秆含糖度 19.7%，茎秆出汁率 59%，是生产燃料酒精的理想能源作物品种。辽甜 3 号为粮秆兼用型品种，不但茎秆产量高，而且种子产量为 364.0kg/亩，比对照增产 4.0%；抗逆性强，丝黑穗病接种发病率为 0，叶斑病轻，抗倒伏能力较强。

三、高产栽培技术

（一）耕作及播种技术

1. 选地、选茬、整地及选种

（1）选地。高粱具有抗旱、耐涝、耐盐碱、耐瘠薄、适应性广等特点，对土壤的要求不太严格，在沙土、壤土、沙壤土、黑钙土上均能良好生长。但是，为了获得产量高、品质好的种子，高粱种子种植田应设在最好田块上，要求地势平坦，阳光充足，土壤肥沃，杂草少，排水良好，有灌溉条件。

（2）选茬。轮作倒茬是高粱增产的主要措施之一。高粱种植忌连作，连作一是造成严重减产，二是病虫害发生严重。高粱植株生长高大，根系发达，入土深，吸肥力强，一生从土壤中吸收大量的水分和养分，因此合理的轮作方式是高粱增产的关键，最好前茬是豆科作物。一般轮作方式为：大豆—高粱—玉米—小麦或玉米—高粱—小麦—大豆。

（3）整地。为保证高粱全苗、壮苗，在播种前必须在秋季前茬作物收获后抓紧进行整地作垄，以利于蓄水保墒，延长土壤熟化时间，达到春墒秋保，春苗秋抓目的。结合施有机肥，耕翻、耙压，要求耕翻深度在 20~25cm，有利于根深叶茂，植株健壮，获得高产。在秋翻整地后必须进行秋起垄，垄距以55~60cm 为宜。早春化冻后，及时进行一次耙、压、耢相结合的保墒措施。

（4）选种。品种选择是高粱增产的重要环节之一，要因地制宜选择适宜当地种植的高产、抗性强的高粱杂交新品种作为生产用种。如中国农业科学院品质资源研究所（现为作物科学研究所）选育而成的中早熟品种抗病、矮秆高粱品种 V55，该品种抗倒伏、抗高粱红条病毒病，对丝黑穗病免疫，此品种适宜在北京、河北、河南、山西、吉林、辽宁等地种植。吉林省及长春地区应以长春市农业科学院选育的长杂 1628 为首选品种，该品种产量高，经济效益可观。

2. 种子处理

播前种子处理是提高种子质量、确保全苗、壮苗的重要环节。

（1）发芽试验。掌握适宜播种量是确保全苗高产的关键。播种前要根据高粱种子的发芽率确定播种量，一般要求高粱杂交种发芽率达到 85%~95%，根据种子不同的发芽率确定播种用量，如果发芽率达不到标准要加大播种量。

（2）选种、晒种。播种前选种可将种子进行风选或筛选，淘汰小粒、瘪粒、病粒，选出大粒、籽粒饱满的种子作生产用种，并选择晴好的天气，晒种 2~3 天，提高种子发芽势，播后出苗率高，发芽快，出苗整齐，幼苗生长健壮。

（3）药剂拌种。在播种前进行药剂拌种，可用 25%粉锈宁可湿性粉剂，按种子量的 0.3%~0.5%拌种，防治黑穗病，也可用 3%呋喃丹或 5%甲拌磷，制成颗粒剂与播种同时施下，防治地下害虫。

3. 适时播种

高粱要适时早播、浅播，掌握好适宜的播种期及播种量是确保苗全、苗齐、苗壮的关键。影响高粱保苗的主要因素是温度和水分，高粱种子的最低发芽温度为 7~8℃，种子萌动时不耐低温，如播种过早，易造成粉种或霉烂，还会造成黑穗病的发生，影响产量，因此要适时播种。

要依据土壤的温湿度、种植区域的气候条件以及品种特性选择播期。一般土壤 5cm 内、地温稳定在 12~13℃、土壤湿度在 16%~20%播种为宜（土壤含水量达到手攥成团、落地散开时可以播种）。

4. 播种方法

采用机械播种，速度快、质量好，可缩短播种期。机械播种作业时，开沟、播种、覆土、镇压等作业连续进行，有利于保墒。垄距 65~70cm，垄上双行，垄上行距 10~12cm（收草用饲用高粱可适当缩减行距），播种深度一般为 3~4cm。土壤墒情适宜的地块要随播随镇压，土壤黏重地块则在播种后镇压。

除机械播种外，采用三犁川坐水种，三犁川的第一犁深趟原垄沟，把氮、钾肥深施在底层，磷肥施在上层。第二犁深破原垄，拿好新垄。4h 后压好磙子保墒，以备第三犁播种用。第三犁首先把开垄台，浇足量水用手工点播已催芽种子，防止伤芽。点播后覆土，覆土厚度要求 4cm 以下，过 6h 用镇压器压好保墒，采用这种方法播种的种子出苗快，齐而壮，7 天可出全苗，避免因低温造成粉种。硬茬可采取坐水催芽扣种的办法。

5. 合理密植

合理密植能提高土地及光能的利用率，按大穗宜稀、小穗宜密的原则，一般保苗数为 10.5 万~12.0 万株/hm²。高粱种子千粒重 20g 左右，1kg 种子 5 万粒左右，按成苗率 65% 计算，加上播种、机械、农田作业等对苗的损害，最佳播种量为 10.5kg/hm²。另外，如果以生产饲草为主的饲用高粱，可采取条播方式，适宜播量为 40.5kg/hm²，适宜播深 2~3cm，播后及时镇压。

(二) 田间管理

1. 间苗定苗

高粱出苗后展开 3~4 片叶时进行间苗，5~6 片叶时定苗。间苗时间早可以避免幼苗互相争养分和水分，减少地方消耗，有利于培育壮苗；间苗时间过晚，苗大根多，容易伤根或拔断苗。低洼地、盐碱地和地下害虫严重的地块，可采取早间苗、晚定苗的办法，以免造成缺苗。

2. 中耕除草

分人工除草和化学除草。高粱在苗期一般进行 2 次铲趟。第一次可在出苗后结合定苗时进行，浅铲细铲，深趟至犁底层不带土，以免压苗，并使垄沟内土层疏松；在拔节前进行第二次中耕，此时根尚未伸出行间，可以进行深铲、松土、趟地可少量带土，做到压草不压苗；拔节到抽穗阶段，可结合追肥、灌水进行 1~2 次中耕。

化学除草要在播后 3 天进行，用莠去津 3.0~3.5kg/hm² 对水 400~500kg/hm² 喷施，如果天气干旱，要在喷药 2 天内喷 1 次清水，同时喷湿地面提高灭草功能；当苗高 3cm 时喷 2，4-D 丁酯 0.75kg/hm²，具体除草剂用量和方法可参照药剂说明使用，但只能用在阔叶杂草草害严重的地块，对于针叶草应进行人工除。经除草、培土，可防止植株倒伏，促进根系的形成。

3. 追肥

高粱拔节以后，由于营养器官与生殖器官旺盛生长，植株吸收的养分数量急剧增加，是整个生育期间吸肥量最多的时期，其中幼穗分化前期吸收的量多而快。因此，改善拔节期营养状况十分重要。一般结合最后一次中耕进行追肥封垄，每公顷追施尿素 200kg，覆土要严实，防止肥料流失。在追肥数量有限时，应重点放在拔节期一次施入。在生育期长，或后期易脱肥的地块，应分两次追肥，并掌握前重后轻的原则。

4. 灌溉与排涝

高粱苗期需水量少，一般适当干旱有利于蹲苗，除长期干旱外一般不需要灌水。拔节期需水量迅速增多，当土壤湿度低于田间持水量的 75% 时，应及时灌溉。孕穗、抽穗期是高粱需水最敏感的时期，如遇干旱应及时灌溉，以免造成"卡脖旱"影响幼穗发育。

高粱虽然有耐涝的特点，但长期受涝会影响其正常生育，容易引起根系腐烂，茎叶早衰。因此在低洼易涝地区，必须做好排水防涝工作，以保证高产稳产。

5. 病害虫防治

高粱苗期病害较少，特殊年份会发生白斑病，用硫酸锌 1.0kg/hm^2、尿素 0.7kg/hm^2 对水 225kg/hm^2 喷防。目前，影响高粱产量主要的病害是高粱黑穗病，为减少其发生，首先要适时晚播，在土壤温度较高时播种，种子出苗较快，可减少病菌侵染机会，减少黑穗病发病率；其次是进行种子处理，如包衣等。高粱害虫主要是黏虫和玉米螟，黏虫防治可用 50% 二溴磷乳油 2 000~2 500 倍液，玉米螟防治可用毒死蜱氯菊颗粒剂（杀螟灵 2 号），用量 35g/亩灌心叶。收获前 20~30 天可选用农药防治。

蚜虫防治每亩用 40% 乐果乳油 0.1kg，拌细沙土 10kg，扬撒在植株叶片上；或 40% 氧化乐果加 10% 吡虫啉进行联合用药防治。

6. 饲用高粱刈割

饲用高粱（高丹草）适宜刈割留茬高度 10~15cm。1 年 3 次青刈利用，每次青刈以株高 150cm 为宜；1 年 2 次刈割利用，第一茬在株高 170cm 青刈饲喂家畜，第二茬在深秋下霜前株高约 300cm 时刈割，可作青用或晒制优质干草，供冬春季舍饲利用。

四、适时收获与贮藏

高粱收获期对于产量和籽粒品质均有影响。蜡熟末期是高粱籽粒中干物质含量达到最高值的时期，为适宜收获期。过早收获，籽粒不充实、粒小而轻、产量低。过晚收获，籽粒会因呼吸作用消耗干物质，使粒重下降，并降低干物质。高粱怕遭霜害，如遇到霜害，种子发芽率降低或丧失发芽率，商品粮质量降低，因此，适时收获是高粱增产保质的关键。收获期一般掌握在 9 月 20 日前后蜡熟末期收获。

种子收获根据种子田的大小、机械化程度的高低不同而采取相应措施。种子田面积小的可采用人工收获，最好在清晨有雾露时进行，以减少种子损失。割后应立即搂集并捆成草束，尽快从田间运走。不要在种子田内摊晒堆垛。脱粒和干燥应在专用场院进行。用机器收获时，应在无雾或无露的晴朗、干燥天气下进行。

种子收获后应立即风扬去杂，晒干晾透。高粱种子的干燥方法有自然干燥和人工干燥两种。自然干燥是利用日光暴晒、通风、摊晾等方法来降低种子的水分含量。分两个阶段进行：第一阶段是在收割以后，捆束在晒场上码成小垛，使其自然干燥，便于脱粒；第二阶段是脱粒后的种子在晒场上晾晒，直至种子的湿度符合贮藏标准为止。人工干燥是利用各种不同的干燥机进行，要求种子出机时的温度在 30~40℃。

种子干燥后，即可装袋入库贮藏，一般种子库要有通风设施，注意防潮防漏、防鼠，常温下种子保存 3~4 年仍可作为种用。低温贮藏（-4℃）库种子保存 10~15 年仍可作为种用。

第三节　绿　豆

一、概述

绿豆为豆科菜豆族豇豆属植物中的一个栽培品种，属一年生草本植物，是我国人民的传统粮食、蔬菜、绿肥兼用的豆类作物，具有非常好的药用价值。根据绿豆种皮的颜色分为四类，即明绿豆、黄绿豆、灰绿豆和杂绿豆。因其颜色青绿而得名，又名青小豆、植、文豆。

绿豆主要分布在印度、中国、泰国等国家。在我国已有 2 000 多年的栽培历史，主产区集中在黄河、淮河流域及华北平原，2014 年全国绿豆种植面积为 55.2 万 hm^2。绿豆适应性广，抗逆性强、耐旱、耐瘠、耐阴蔽，生育期短，播种适适期长，并有固氮养地能力，是禾谷类作物、棉花、薯类间作套种的适宜作物和良好前茬。

二、高产栽培技术

（一）优质高产栽培技术

（1）轮作倒茬。绿豆忌连作，种绿豆要合理安排地块，实行轮作倒茬，绿豆是很好的养地作物，是禾谷类作物的优良前茬，在轮作中占有重要地位。

（2）精细整地。春播绿豆可在早秋进行深耕（耕深 15~25cm），并结合耕地每亩施有机肥 1.5~3t。播种前浅耕耙糖保墒，做到疏松适度、地面平整，满足绿豆发芽和生长发育的需要。夏播绿豆多在麦后复播，前茬收获后应及早整地。疏松土壤，清理根茬，掩埋底肥，减少杂草。套种绿豆因受条件限制，无法进行整地，应加强套种作物的中耕管理，为绿豆播种创造条件。

（3）选种。绿豆按株型分为直立、匍匐和半匍匐型品种。为便于田间管理、收获，减少田间鼠害和籽粒霉变，提高产量及产品商品性状，生产上应采用直立型抗逆性强的品种。大面积种植应选择株型紧凑，结荚集中，产量高，好管理，成熟一致，籽粒色泽鲜艳，适于一次性收获的直立型明绿豆。

（4）播种。绿豆的生育期较短，一般在 60~90 天。可选择春播。绿豆从 5 月初至 6 月上旬都可播种，一般在 8—9 月中旬成熟。小面积播种可选用人工穴播，大面积播种可用机械或耧进行条播。条播每亩用种 2.5kg，穴播 1.5kg，播深 3.3cm，行距 50cm，株距 17cm。每亩密度以 10 000 株为基准，春早播应适当稀植，肥水力大的地块宜稀植，晚播或水肥差的地块宜适当密植，但密度应在 8 000~15 000株/亩，否则会严重影响产量，出苗后及时间苗、补苗，两片三出复叶展开时及时定苗。

绿豆连茬会造成长势弱、病害严重并影响产量，前茬后最好隔 2~3 年再种绿豆。注意施好基肥，尤其是磷肥，以保苗肥、苗壮，达到高产、稳产。

（5）田间管理。

①间苗、定苗。当绿豆出苗后达到两叶一心时，要剔除疙瘩苗、弱苗、小苗、杂苗。4 片叶时定苗，株距在 13~16cm，单作行距在 40cm 左右，每亩以 1 万~1.25 万苗为宜。

②中耕锄草。绿豆从出苗到开花封垄，一般最少中耕 2~3 遍，即结合间苗进行第一次浅锄，结合定苗进行第二次中耕，到分枝期进行第三次中耕并进行培土，以利于护根防倒伏和排涝。如与其他作物套种，则应随主作物中耕除草。

③肥水管理。绿豆根瘤菌固定的氮只供应绿豆一生需氮总量的40%左右，且其作用主要在中后期，因此，瘠薄地应注意基施 N、P、K 复合肥。在生长状况较好的情况下可不再追肥，如土壤瘠薄或其他原因造成群体偏小，预计不能封垄的地块，可在初花期追施 15%N、P、K 复合肥或磷酸二铵 10~12.5kg/亩。花荚期结合防治病虫害喷施 2%~3%的磷酸二氢钾 2~3 次，可增加籽粒重，达到增产效果。绿豆二次结荚习性很强，如花荚期遇到自然灾害，及时加强肥水管理也可夺得高产。

绿豆开花结荚期是需肥水高峰期，如果此期遇旱要及时浇水，使土壤保持湿润状态。但往往开花结荚期处在雨季，使茎叶徒长，造成大量落花、落荚，或积水死亡。要及时排水，保证绿豆正常生长。

④适时收获。绿豆成熟不一致，当有部分豆荚变干时即应摘荚，每隔7~10天摘1次，共摘3~4次可全部收完，分批收摘有利于提高产量和品质。大面积栽培可在绝大部分豆荚变干时趁早晨有露水一次收割，带秆放在晒场晾晒。另外，绿豆属于常规品种，如准备留作种子应在成熟前期进行田间人工提纯，去除异型杂株，以保证种子纯度。

（二）旱地覆膜丰产栽培技术要点

冀北是一个生态类型多样的地区，全区多为干旱和半干旱的丘陵、半丘陵地区以及山区，雨养农业约占70%，常年降雨350~400mm，且相对集中于7—8月，春旱是制约该区农业生产特别是春播抓苗难的重要因素。近年来，随着农村经济的全面发展，旱地覆膜技术得到广泛推广，绿豆的旱地覆膜技术，是一项成功的农业适用推广技术，一般亩产125~150kg，较不覆膜的增产40~60kg/亩。

1. 播前准备

（1）选地与施肥。地膜绿豆应选择土地较平整，土质中等以上的地块。但绿豆忌连作，它的前茬以禾谷类、马铃薯为最好。一般要求亩施优质农家肥1 500~2 000kg，碳酸氢铵或长效碳铵30~40kg，有条件的可施入尿素3kg、二铵5kg。农家肥应均匀撒开，化肥经混合后随犁施入犁底，农家肥翻入土壤。

（2）品种的选择。应根据市场需求和客户需要，根据地势、土壤肥力选择。当前冀北区大面积种植的品种有鹦哥绿豆、冀绿2号等。

（3）地膜的选择。要选用幅宽70~80mm、厚度为0.005mm的无色透明高压聚乙烯地膜，一般亩用量2.5~3.0kg。

2. 栽培技术

（1）种子处理。将选择好的品种进行筛选去杂，一般亩用量亩播种量一般在 1.5～2.0kg。若机械播种，可适当加大播种量。

（2）播种时间。绿豆可以春播和夏播。春播在 4 月下旬到 5 月上中旬。夏播在 6 月中下旬，要力争早播。绿豆喜温，适宜的出苗和生长温度为 15～18℃，生育期间需要较高的温度。在 8～12℃时开始发芽。在开花结荚期间需要温度一般在 18～20℃ 最为适宜。温度过高，茎叶生长过旺，会影响开花结荚。绿豆在生育后期不耐霜冻，气温降至 0℃ 以下，植株会冻死，种子的发芽率也低。因此，夏秋播绿豆必须注意适时早播，以便在低温早霜来临之前正常成熟。

旱地地膜绿豆种植的地块要根据土壤墒情适时覆膜。在春季墒情差的情况下，应等雨覆膜，等雨时间为 5 月下旬，雨后及时、迅速地将地膜覆好，从而有效地保证膜内土壤水分减少蒸发。膜覆好后，根据绿豆的生育期和自然特点（播早易受黑绒金龟子危害）适时播种，但最晚不要超过 6 月 10 日。

（3）播种质量。播种深度 3～4cm，一膜两行，播种孔离膜边 10cm，株距 18～20cm，小行距 30～35cm，大行距 70～75cm。采取人工打孔点种，按穴点种，每穴 3～4 粒，种子必须放在湿土层内。墒情差时要坐水点种，播种孔要压严。大面积绿豆覆膜播种多采用机械播种，用玉米覆膜播种机即可。

（4）放苗。一般播后 6～8 天出苗，由于绿豆顶土能力较弱，要及时检查。如遇雨播种孔表土板结，要及时打碎土块，引苗放苗，并将苗孔封严，以免水分蒸发。

（5）查苗、补苗、定苗。在幼苗伸展 2～3 片真叶时，进行间苗、定苗，每穴留 2 株。地膜绿豆一般不用补苗，如发现缺苗断条时可在邻穴各多留一株，弥补缺苗现象，达到亩保苗 1 万～1.2 万株。

（6）中、后期田间管理。地膜绿豆在温、湿度保障的条件下，分枝较多，为获得较高产量，要适时进行叶面喷肥，以达到增花增结荚、促进籽粒饱满、提高分枝成荚率的目的。可分别在花期前和摘完第一次成熟荚后，亩用磷酸二氢钾100g或喷施宝一支进行叶面喷施。

（7）适时收获。地膜绿豆成熟较早，分层成熟，要做到边成熟边收获。覆膜绿豆一般在8月上旬第一层荚成熟，8月下旬第二层荚成熟，9月上旬下部茎节分枝荚相继成熟，要适时收获。

（三）绿豆间套种栽培技术要点

绿豆在冀北主要是和玉米等禾本科作物以及马铃薯间作套种，在冀北春玉米种植区，采用1.3~1.4m宽带，2：2栽培组合。4月中下旬先播种两行玉米，小行距40~50cm，株距30cm，密度3 000株/亩。一般5月上旬播种绿豆，小行距40~50cm，株距15cm，密度6 000株/亩。大部分地区玉米和绿豆的间作采用2：1种植，即玉米采用大小行种植，在宽行点播一行绿豆。

三、适时收获与贮藏

绿豆吸湿性强，易发热霉变和受害虫危害。在贮藏过程中，主要应防止绿豆变色、变质和发生虫害。绿豆象又称"豆牛子"，繁殖迅速，对绿豆、小豆、豇工豆等多种小杂豆危害严重。安全贮藏绿豆的关键就是杀除绿豆象。灭虫的最佳时间是绿豆收获后的10天内。灭虫处理后的绿豆，要隔离贮藏，封好库仓，防止外来虫源再度产卵危害。另外，灭虫时绿豆必须晒干。

（1）高温处理。

①日光暴晒。炎夏烈日，地面温度不低于45℃时，将新绿豆薄薄地摊在水泥地面暴晒，每30min翻动1次，使其受热均匀并维持在3h以上，可杀死幼虫。

②开水浸烫。把绿豆装入竹篮内，浸在沸腾的开水中，并不停地搅拌，维持1~2min，立即提篮置于冷水中冲洗，然后摊

开晾干。

③开水蒸豆。把豆粒均匀摊在蒸笼里，以沸水蒸馏 5min，取出晾干。由于此法伤害胚芽，故处理后的绿豆不宜留种或生绿豆芽。

以上经高温处理的绿豆色泽稍暗，适宜于家庭存贮的食用绿豆。

对于大批量绿豆可用暴晒密闭存贮法。即将绿豆在炎夏烈日下暴晒 5h 后，趁热密闭贮存。其原理是仓内高温使豆粒呼吸旺盛，释放大量 CO_2，使幼虫缺氧窒息而死。

（2）低温处理。

①利用严冬自然低温冻杀幼虫。选择强寒潮过后的晴冷天气，将绿豆在水泥场上摊成 6~7cm 厚的波状薄层，每隔 3~4h 翻动 1 次，夜晚架盖高 1.5m 的棚布，既能防霜浸露浴，又利于辐射降温，经 5 昼夜以后，除去冻死虫体及杂质，趁冷入仓，关严门窗，即可达到冻死幼虫的目的。

②利用电冰箱、冰柜或冷库杀虫。把绿豆装入布袋后，扎紧袋口，置于冷冻室，控制温度在-10℃以下，经 24h 即可冻死幼虫。对于其他豆类也可用上述方法处理。

（3）药剂处理。

①磷化铝处理。温度在 25℃ 时，$1m^3$ 绿豆用磷化铝 2 片，在密闭条件下熏蒸 3~5 天，然后再暴晒 2 天装入囤内，周围填充麦糠，压紧，密闭严实，15 天左右杀虫率可达到 98% ~ 100%，防治效果最好。这样既能杀虫、杀卵，又不影响绿豆胚芽活性和食用。注意，一定要密封严实，放置干燥处，不要受潮伤热，以免出现缺氧走油。

②酒精熏蒸。用 50g 酒精倒入小杯，将小杯放入绿豆桶中，密封好，1 周后酒精挥发完就可杀死小虫。

第四节 红小豆

一、红小豆概述

中国是世界上最大的小豆生产国，小豆生产几乎遍及全国主要产区。主要分布在华北、东北、黄河及江淮下游地区以及台湾省，生产最佳区是华北及江淮流域。年种植面积 30 万~40 万 hm^2，总产 53 万 t 以上，平均单产 1 330kg/hm^2 左右，年际间虽有波动，但总体呈渐升趋势。2011 年中国小豆种植面积近 25 万 hm^2，年总产量近 30 万 t。中国小豆产区主要集中在华北、东北和江淮地区，其面积和产量约占全国小豆生产的 70%。日本为小豆第二大生产国，年种植面积 6 万~8 万 hm^2，总产 8 万~12 万 t，主产区在北海道，而常年还从国外进口几万吨，主要进口中国的小豆。韩国年种植面积 2.5 万 hm^2 左右。哥伦比亚和泰国也有出口。印度的主产区在东北部各邦。

中国作为小豆生产大国，也是世界上最大的小豆出口国，年出口 4 万~8 万 t，主要出口至日本、韩国、新加坡等国家。宝清红、天津红、启东大红袍等著名农家品种曾经是国际市场上的主打品牌。随着社会、经济的发展，中国小豆面临国内产业和商品升级及增强国际竞争力双重要求。

二、中国红小豆生产布局

因中国小豆生产分布全国，资源丰富，小豆生态区域划分没有严格的标准。中国农业科学院前品资所胡家蓬（1984）将全国收集到的 1 040 份材料分别根据粒色、熟性、粒重等性状进行了较详细地分类，并根据各地方品种的特性将中国几个主产区初步划分为 4 个小豆生态区。

1. 东北生态区

包括黑龙江、吉林、辽宁、内蒙古 4 省（自治区）。此区以早熟中粒类型为主，以早熟大粒、早熟中粒和早熟小粒类型为次。

2. 华北生态区

包括河北、山西、北京、天津4省（市）。此区以晚熟中粒型为主，以晚熟大粒和中熟中粒型为次。

3. 黄河中游生态区

包括陕西、河南2省。此区以晚熟中粒类型为主，以晚熟小粒型为次。

4. 广西、云南生态区

包括广西和云南，此区以极晚熟类型为主。

三、优良新品种简介

当前，中国在生产上推广应用的优质红小豆中主要有朱砂红小豆（又称天津红小豆，主要分布在天津、河北、山西、陕西）、唐山红（河北唐山玉田及其附近地区）、宝清红（黑龙江宝清及周边地区）、大红袍（江苏启东）、保876-16（河北保定）、房山区京农5号、京农6号和京农7号（北京）等十几种。

（一）京农2号

1. 品种来源

由北京农学院作物遗传育种研究所小豆育种室采用竞争性选择法，对中国北方小豆地方品种混合群体施加高密度，使之异株竞争从而加以选拔、纯系分离获得的新品种。于1993年8月通过北京市农作物品种审定委员会审定。为北京及周边地区主要推广品种之一。

2. 适种地区

河北、北京、天津、山西、山东及河南等地区推广种植。

3. 特征特性

为早熟品种，北京地区夏播出苗后90天左右成熟。株型直立、矮秆，株高60~70cm，适于高密度栽培。行距40~50cm，留苗 30.0 万~40.0 万株/hm²。田间适于机械化作业。主茎 10~12 节，分枝 2~3 个，且分枝短，高肥水地力地块分枝有所增加，并要注意培土，防止倒伏。单株荚数 10~20 个，单荚粒数 5~7 个。麦茬后平作，华北地区每公顷产量平均 2 000kg 以上，其产量潜力每公顷达 2 600kg。并具有较强的耐旱性，保证齐苗的前提下，正常年份整个生育期可以不浇水、不施肥，每分顷产量达 1 500kg 以上。籽粒呈紫红色，种皮薄，具光泽，易煮。蛋白质含量 25%，籽粒百粒重 10g 左右，属小粒种。

（二）京农 5 号

1. 品种来源

由北京农学院作物遗传育种研究所小豆育种室根据本地区红小豆的育种目标，对"京农 2 号"红小豆品种采用钴 60 伽马射线进行辐射诱变处理的后代中，进一步选育而成。于 1999 年 6 月通过北京市农作物品种审定委员会审定。

2. 适种地区

适宜在河北、北京、天津、山西、山东及河南北部等地区推广种植。

3. 特征特性

本品种适于夏播平作或与幼龄果树套种。正常年份北京平原地区全生育期 90~95 天，不影响下茬播种小麦。一般生产田产量 2 250kg/hm² 左右。株高 40~60cm，直立紧凑型。夏平播适于中等栽培密度，行距 40~50cm，留苗 22.5 万~30.0 万株/hm²。田间适于机械化作业。主茎 10~12 节，分枝 2~3 个，地力较好地块分枝有所增加，单株荚数 10~20 个，单荚粒数 5~7 个。叶大而深绿色。成熟荚色为棕褐色，籽粒为鲜红色，有艳丽的光泽，外观品质符合出口贸易标准。籽粒营养品质较高，粗蛋白含量达 26.8%，8 种人体必需氨基酸总含量及粗蛋白含量京农 5 号比京农 2 号提高一个百分点，含钙量也提高了 59mg/kg。本品种属中大粒型品种，百粒重 14g 左右；生长期间叶片浓绿色、抗锈病，耐白粉病。

（三）京农 6 号

1. 品种来源

由北京农学院作物遗传育种研究所小豆育种室利用 JN3024 和优良株系 NL8-1 杂交组配后代中经过多代选育而成。

2. 适种地区

适于北京、天津、河北、山西、山东、河南等区域夏播，也可在东北、西北、长江中下游等区域春播推广应用。

3. 特征特性

中早熟类型，适于夏播平作或与幼龄果树套种，北京平原地区全生育期 92 天左右，比京农 5 号早熟 2~5 天，不影响下茬播种冬小麦。株高 40~60cm，主茎节数 13~15 节。株型直立紧凑，分枝 2~3 个。地力较好、早播的地块分枝略有增加。茎秆较京农 5 号粗硬，较抗倒伏。百粒重 16~18g，属大粒型品种。一般地力单株荚数 10~20 个，中肥偏上地力单株荚数达 15~30 个，单荚平均 4~6 粒。成熟荚色为白色；籽粒为红色，有光泽，外观品质符合出口贸易标准。籽粒营养品质较好，氨基酸总含量 24.53%~24.87%；必需氨基酸总含量为 11.5%~11.71%；粗蛋白含量 25.77%~25.97%，均超过京农 2 号，比京农 5 号稍低；粗淀粉含量为 55.97%~57.2%。

（四）启东大红袍

1. 品种来源

启东大红袍是江苏省南通市启东地方优良小豆品种。

2. 特征特性

为短日照作物，对光周期反应不敏感，春夏均可秋播，夏秋开花结荚。夏播全生育期为 130 天左右。株形蔓生或缠绕，根系发达，主根入土深，可达 50cm 以上；侧根较多，主要分布在表土 30~40cm。攀缘蔓生茎，在适宜环境条件下，可伸展到

100cm 以上。主茎 18 节左右,呈左旋缠绕。叶为三出复叶,淡绿色至浓绿色,小叶卵圆形,长 7~12cm,宽 6~10cm,叶片两面披有绒毛、有蜡质。花为总状花序,腋生,每花序着生 6 朵黄色小花。主茎有效分枝 5.8 个,单株结荚 36 个,荚果圆筒形,荚长 8cm、宽 0.6cm 左右,嫩绿色,老熟荚果黄褐色,一般只能取干籽粒食用。每荚含种子 5~10 粒,平均 6.7 粒,成熟时荚果开裂。种子为圆柱形,粒色鲜红,百粒重 16~20g。干籽粒蛋白质含量 24.8%、Ca 含量 502.98mg/kg、Fe 含量 85.40mg/kg。纯作一般产量为 1 800kg/hm^2;与玉米等高秆作物间作一般产量为 1 350kg/hm^2。该品种在江苏南通、盐城及上海崇明等地作为当家品种年种植面积为 2×10^{4}hm^2。

(五) 冀红小豆 5 号

1. 品种来源

冀红小豆 5 号是河北省农科院粮油作物所以 8007×辽 5-1 为母本,天津红小豆×日本大纳言为父本进行复交,经过连年选育培育成的红小豆新品种。1996 年 4 月通过省农作物品种审定会审定,定名为冀红小豆 5 号。

2. 适种地区

该品种适宜在河北省长城以南各地夏播和长城以北地区春播。平作或间作套种。

3. 特征特性

夏播全生育期 92 天左右,属中早熟品种。该品种根系发达,茎秆基部粗壮,上部略软。株高 70cm 左右,单株分枝 3~5 个。叶片中等大小,浓绿色。花黄色。单株荚数 25 个左右,荚长 6.0cm,荚黄白色,圆筒形,单荚粒数 5~7 粒,籽粒短圆,红色,百粒重 13.1g,属大粒种,品质优良。蛋白质含量 22.31%,淀粉含量 35%,脂肪含量 0.16%,符合外贸出口标准。亚有限结荚,丰产、稳产性好。抗涝耐瘠性强,较抗病毒病。1993 年所内初级产比试验:亩产 161.36kg,较对照种(冀红 4 号）增产 17.8%，居首位。1994—1995 年省区试平均亩产 103.71kg，较对照种增产 10.89%，居第一位。1995 年生产鉴定，平均亩产 153.35kg，居第一位。

四、栽培技术

（一）选地整地

红小豆是喜温作物，不耐涝，所以应选择岗平、排水良好的中等肥力的地块种植，低湿地必须注意防涝。最好伏、秋翻，整平耙细，采取秋起垄加深施肥方式，有利于提高地温，防旱排涝，可使幼苗生长健壮。

对土壤适应性较强，具有较强的抗酸能力。在微酸性土壤上生长良好，在轻度盐碱地上也能生长，但在排水良好、保水力强、腐殖质较多的疏松壤土上生长最好。红小豆不宜重茬，因为重茬可使病虫害加重，杂草丛生，根系发育不良，根瘤减少，降低产量和品质。所以，在种植红小豆的地块一般需要间隔 3~4 年才能再种。

春播红小豆地应倒茬轮作，每公顷施入 15 000~22 500 kg 腐熟的农家肥和 300~375kg 过磷酸钙作基肥。施入基肥后，进行土壤耕翻。土地应秋翻，一般耕深 18~20cm，整地做畦；春播前要及时耙耱。夏播应采取先耕翻整地再播种或原麦茬地播种后再深中耕灭茬。

（二）选用良种

优良品种是获得高产的基础和关键。根据目前市场对红小豆的要求，各地应该选用中熟高产或早熟、高产、粒大、粒色鲜艳、皮薄、出沙高、抗逆性强、市场适销、适宜本地区气候条件、土壤条件和其他生产条件的品种类型，尤其注重品种的高产、优质、抗逆特性。

根据多年经验，同一品种即使地方品种，会随着种植年份的增多和气候变迁出现"退化"现象，所以，农技推广部门要有品种储备以及优良地方品种保纯的准备；另应提倡"异地"

繁种,从株型上选择推广有限生长硬秆直立类型。小粒型品种不易高产(<1 500kg/hm²),但此类型优良品种加工前景较好,应保纯一些小、圆、鲜艳类型小豆。商品目的种植应尝试推介中粒(12~14g)和中大粒(14~16g)饱满、色泽鲜艳、丰产性好的新品种。大粒品种对地力和水肥要求高,一般不易饱满。

当前生产上用种仍以农家品种为主,如天津红小豆、唐山红小豆、东北大红袍、冀红 2 号、4 号、辽红 1 号等品种,各地可因地制宜选种。

(三)种植方式

红小豆种植方式主要有两种。一种是单作(清种),一种是间种。

1. 单作

一般春播区小豆 9 万~12 万株/hm²,行距为 65~70cm,与大豆播种及中耕机械配套,株距为 15~18cm;夏播区 15 万株/hm²左右,行距为 45~60cm,其中,60cm 行距与播种及中耕机械可配套,株距为 10~12cm。过密或过于繁茂影响开花结荚,也容易影响籽粒商品性。应根据地力、当地气候和品种特点确定适宜密度。

2. 间套作

玉米与红小豆间作较为常见。利用玉米从播种到封垄前这个时期,间作一行红小豆,既利用高、矮作物搭配的立体种植方式,提高土地利用率,还可以改善土壤,增肥固 N,增加经济效益。

(1)分布地区和条件。玉米红小豆间作分布在晋、冀交界处,处于太行山丘陵干旱、半干旱地区。该区 ≥0℃ 积温在 4 000~4 800℃,平均年降水 400~500mm,无霜期较长,为 175~220 天,光照充足,年日照为 2 800~3 100h,≥10℃ 积温为 2 500~2 800℃。

(2)规格和模式。玉米间作红小豆通常有以下模式:1 行玉米 2 行红小豆，玉米行距 110cm，株距 30cm，中间种植 2 行红小豆，行距 33cm；2 行玉米 6 行红小豆，玉米行距 500cm，株距 25cm，红小豆行距 50cm，株距 15~20cm。3 行玉米 5 行红小豆，玉米行距 50cm，株距 25cm，红小豆行距 50cm，株距 15~20cm。

（3）技术要点。

①适时播种、合理密植。选用品质好、颗粒大小适中的红小豆优良品种，如冀红 2 号。6 月中旬播种，播前药剂拌种、晒种。采用条播或穴播，播深 3~5cm，穴距 15~20cm，每穴 3~4 粒种子，播种后覆土，播种量为 37.5kg/hm² 左右。夏玉米选用生育期适宜，抗倒、抗病，丰产性较好的品种，如郑单 958、登海 605、鲁元单 14 等。玉米于 5 月 20 日前后播种，播前晒种，药剂拌种，采用穴播，播深 3~5cm，穴距 15~20cm，每穴 2 粒种子，播种量为 22.5kg/hm² 左右。

②施足底肥，精细整地。每公顷施入 15 000~22 500kg 腐熟的农家肥和 300~375kg 过磷酸钙作基肥。施入基肥后，进行土壤耕翻，耕深 18~20cm，整地做畦。种肥与种子要隔开，避免烧芽和烧苗。

③玉米田间管理技术。三叶期间苗，五叶期定苗，保证田间密度在 3 250~3 500 株/亩。间苗定苗后进行中耕除草一次，根外追肥，喷施 KH_2PO_3 2 250g/hm²。加强田间肥水运用，一是要施好穗肥，玉米拔节后追施每公顷尿素 375kg 或碳酸氢铵 1 050kg；二是施好粒肥，在玉米抽雄至吐丝期追施（NH_4）$_2SO_4$ 75kg/hm²，同时要浇好关键水。除肥水结合外，要注意在抽雄后一个月内保持土壤一定含水量，提高粒重。注意防治病虫害，玉米苗期注意防治黏虫，菊酯类 4 000 倍液喷雾防治。玉米拔节至小喇叭口期向心叶施用杀螟粒颗粒剂，防治玉米螟，并防治蚜虫、红蜘蛛。病害主要是玉米的大、小斑病，可用 50%多菌灵 500 倍液或者 70%代森锰锌喷雾，连喷 2~3 次。抽雄期采取隔株或隔行去雄。

④红小豆田间管理技术。在红小豆出现第一复叶时应间苗，复叶展开前对缺苗地进行移栽补齐，保证密度在 4 500 株/亩。初花期进行最后一次中耕，深度 10cm 左右。在 7 月中旬每公顷追施尿素 75kg 和过磷酸钙 112.5 ~ 150kg；在红小豆的花期和后期，每公顷用 11.25 ~ 15kg 尿素、1.5 ~ 4.5kg KH_2PO_3，加水 225 ~ 375kg 进行叶面喷肥，肥后浇水并及时清除杂草，尤其注意红小豆开花前后的肥水供应。由于红小豆的抗逆性较强，在红小豆的整个生育期病虫害发生较少，只有在开花期和结荚期豆荚螟和食心虫有可能发生，一旦发生病虫害，可用高效低毒农药敌杀死和快杀灵进行防治。

⑤适期收获。植株上 80% 的豆荚成熟后，应收割并拉回晒场进行晾晒，待籽粒干硬后进行脱粒。一定要轻打轻压，防治霉烂影响商品品质；玉米则在苞叶变白发黄色，苞叶口松散，籽粒乳线消失时即可收获，适当推迟收获期，可使籽粒充分完熟，保持种子色泽光亮，提高食用和商品价值。

3. 轮作

合理轮作是节约能源、保护环境、促进农业持续发展的重要举措。

红小豆为一年生豆科作物，生产基地应为前两茬未种过豆科作物的土地，以有效控制豆类作物根腐病以及豆类作物化感物质对小豆根系生长的障碍；其前茬应选小麦、玉米、高粱等禾本科作物为宜。

实行水旱轮作，以减少病、虫、草害的发生基数，减少田间用药次数和剂量，改良土壤理化性状，增强土壤有机养分的矿质化、有效化和营养的持续化。其轮作方式和大豆一样宜采用 3 区轮作或 4 区轮作：麦、玉、豆（红小豆）麦、麦、豆（红小豆）；麦、杂、豆（红小豆）；麦、麦、玉、豆（红小豆）。应选较瘠薄茬口而不宜选肥茬。可以与玉米、高粱、向日葵等高秆作物间作，这样可充分利用土地和光能，获得更高的经济效益，还可在田埂、地边、树空等地种植。

（四）播种

1. 种子处理

对选择出来的适于产地和播种条件的品种，其种子必须经机械清选或人工粒选。达到精量点播的种子标准，即净度>98%，纯度>99%，发芽率>95%、粒型大小均匀一致，用种子质量1%的大豆种衣剂包衣或用种子质量0.2%的50%多菌灵加种子质量0.1%的50%辛硫酸湿拌种，同时加多元微肥效果更好。由于红小豆属短日照作物，中熟和晚熟品种对光照反应敏感，北种南引开花早，提前成熟；南种北引开花延迟或不能结荚。

2. 适期播种

当地表5cm土温稳定通过14℃以上时，红小豆即可播种。一般采用单作、间作、套种及田埂点种等方法多种形式种植。

单作红小豆，不同地区播期有所差异。春播以4月底到5月底播种较为适宜；夏播以5月底到6月中播种较为适宜。红小豆种子发芽最低温度是14℃以上，播期过早，种子吸水后由于温度达不到14℃，种子在土壤中时间过长，营养消耗大，易感染病害，出苗时间延长4天左右，造成苗黄、苗弱、幼苗生长不良、底荚过低且易烂荚，因而直接影响产量；播种晚于5月20日，生育期缩短，营养生长不充分，上部荚不能充分成熟，株粒数减少3.5个，百粒重下降0.2~0.6g，减产明显。此外，要求同一块地一天内播完，以保证成熟期一致。

3. 种植方式、密度

一般条播可采用50cm等行距或60cm+40cm宽窄行，株距为15cm左右。播量为30~45kg/hm²，春播的基本苗保持15万~22.2万株/hm²，夏播基本苗保持30万~37.5万株/hm²，播种深度为3~5cm。

采用精播机精点播，行距40~50cm，株距8~15cm，播种深度为2~3cm；采用条播机播种，行距40~50cm，株距为6~

8cm，播种深度为 3~5cm。

垄作栽培，垄距 60cm，株距 10~15cm，播种量每公顷 45~60kg，垄上条播，播深 3~4cm，保苗数以每公顷 25 万~28 万株为宜，收获株数每公顷 20 万~23 万株产量最高。无限结荚型品种应适当稀播，采取埯播形式，株距 25~30cm，每埯播 3~4 粒，覆土深度 3cm 左右。一定要保证播种质量，将红小豆种在湿土上，防止芽干、落干，播后及时镇压，以抗旱保墒，出苗一致，实现一次播种保全苗。

（五）田间管理

1. 按生育阶段管理

当第一片真叶展开时即查苗补种，当第二片真叶展开时进行间苗，第三片真叶展开进行定苗。定苗结束后立即中耕，以后每隔 10~15 天中耕一次，整个生育期中耕 2~3 次，最后一次中耕结合开沟培土。在生育期应及时除草，也可在播种前用氟乐灵乳油，加水后地面喷雾，防治单子叶杂草。

追肥分 3 次施入。苗期追肥应占总追肥量的 30%，以 N 肥为主，以促进幼苗生长发育，增加根瘤活性；初花期追肥应 N、P 结合，追肥量应占总追肥量的 60%；第三次追肥在结荚期喷施 P、K 肥及微量元素。

红小豆是需水较多的作物，但苗期需水量少，开花前后是需水关键时期。生育期一般要灌水 3~4 次，第一次在花荚期，以后每隔 10~15 天灌一次，保持土壤湿润，每次灌水量 750~960m^3/hm^2。要细流沟灌，切忌大水漫灌。赤豆病害有赤豆褐斑病、赤豆萎缩病、赤豆炭疽病、立枯病、白粉病等，宜采用农业防治与化学防治相结合的综合防治方法。害虫有赤豆蚜虫、赤豆螟虫、绿豆象等。绿豆象主要为害籽粒，可于收获后用氯化苦熏蒸种子将其消灭。

2. 定苗

当第一片真叶展开时即查苗补种，当第二片真叶展开时进行间苗，第三片真叶展开进行定苗。

3. 中耕

红小豆是喜温作物，由于春季气温低，幼苗生长缓慢。出苗后要及时中耕锄草、铲趟、松土，提高地温保墒，促根系发育，加速幼苗健壮生长。开花前进行3次中耕，第一次在2片对生真叶完全展开时进行；第二次在第一片三出复叶完全展开时进行；第三次在第三片三出复叶完全展开、封垄前进行，以利于防旱、排涝、防倒伏。最后一次中耕结合开沟培土。也可在播种前用氟乐灵乳油，加水后地面喷雾，防治单子叶杂草。

因红小豆秆弱易倒伏，而且下部结荚很低，有时触到地面，在7月下旬高温多湿，田间通透性差，下部荚易霉烂，封垄前应培垄1~2次，以利于防旱排涝、防倒伏。

4. 科学施肥

经济有效的施肥量，既可满足植株对养分的需求，又达到高产高效的目的。合理的N、P比是使营养生长和生殖生长协调发展，使植株既茎叶繁茂，又花多粒多产量高。K肥和多元微肥，使植物生长健壮，增强抗逆性，增强光合效率，籽粒大、成熟早，可提高产量10%以上。据研究，每生产100kg籽粒需N 3.4kg、P 0.83kg、K 2.3kg。

（1）施用时期、用量和方法。红小豆施肥以基肥、种肥为主，以花期叶面追肥为辅，适当增施钼肥。小豆开花前应尽量控苗，特别对于蔓生性较强的品种。雨水较多的低洼地块应采取高垄播种，控苗主要是控制水、少施N肥（地力较好地块建议不施化肥）。小豆一般种植于中等或中等偏下肥力的地块。它不应施化学底肥或种肥，可施农家肥作为底肥。如对于土地肥力较好的田块，可整个生长期不施化肥。如需施化肥，应使用N、P、K复合肥并作为追肥用，施用时期最好与中耕培土同时完成，施用量为150~300kg/hm^2。花荚期喷施磷酸二氢钾也可促进花荚。

（2）氮磷配比。红小豆施肥一般地块施磷酸二铵 50~100kg/hm²、氯化钾 45kg/hm²；肥力较低的沙土地施复合肥（N15%、P15%、K10%）100kg/hm²、生物 K 肥 20kg/hm²、尿素 10kg/hm²。叶面追肥：在花荚期适当喷施磷酸二氢钾 3~5kg/hm² 或者 891 植物促长素 300ml/hm²，促进早熟。

（3）施用微量元素肥料。红小豆一生中除了需要大量元素外，还需要 Ca、Mn、B、Mo、Cu 等微量元素。在开花初期喷施 0.04%~0.05% 钼酸铵溶液，即 50L 水加 20~25g 钼酸铵，充分溶解搅匀，每亩喷洒 25~30kg，可以促进结荚。选择 7~9 时、16~17 时，阳光较弱时喷施效果较好。

5. 病虫草害的防治与防除

（1）主要病害。

①种类。红小豆常见病害为立枯病、白粉病、锈病、病毒病。红小豆主要病害是褐斑病和萎缩病。

②防治措施。发现病株要立即拔除。防治立枯病用 50% 多菌灵以种子量的 0.5%~1.0% 拌种；白粉病和锈病用 25% 粉锈宁 2 000 倍液喷雾防治；病毒病用 20% 农用链霉素 1 000~2 000 倍液或 20% 病毒 A 可湿性粉剂 500 倍液喷雾防治。

（2）主要虫害。

①种类。为害红小豆的常见害虫有蚜虫、红蜘蛛、豆荚螟和豆象等。蚜虫多发生在苗期和花期，结荚期温度过高也可能发生。

②防治措施。蚜虫可用 10% 吡虫啉可湿性粉剂 1 000 倍液或每公顷用 70% 艾美乐水分散粒剂 30g+2.5% 敌杀死乳油 600ml 加水喷雾防治；红蜘蛛用 50% 溴螨醋乳油 1 000 倍液或 73% 克螨油 3 000 倍液或每公顷用 8% 中保杀螨乳油 750ml+70% 艾美乐水分散粒剂 30g、40.7% 毒死蜱乳油 750ml+24.5% 阿维·柴油乳油 600ml+2.5% 敌杀死乳油 600ml 加水喷雾来防治。

（3）主要杂草。

①种类。主要为害的杂草有稗、马唐、狗尾草等一年生禾

本科杂草；藜、苍耳、马齿苋、反枝苋等一年生阔叶杂草；菟丝子等恶性寄生性杂草。而在东北平原为害严重的杂草主要是鸭跖草、苣荬菜、刺儿菜等。

②防除措施。播后苗前药剂处理可选用以下配方，对水进行土表均匀喷雾：5%普施特水剂 1.5L/hm²（专用于防治龙葵可用 5%普施特 1.0L/hm²）。48%仲丁灵乳油 3.00～3.75L/hm²。72%都尔乳油 2.0～2.8L/hm²+70%赛克津 0.3～0.4kg/hm²（也可根据杂草基数酌情加入 72% 2，4-D 丁酯 0.8～1.0L/hm²）进行化学除草。

小豆封垄较慢，前期应注意杂草控制。苗后药剂处理可选用以下配方进行茎叶处理：在禾本科杂草 4 叶期前用 12.5%拿扑净或"精奎禾灵" 1.2～1.5L/hm²（对禾本科杂草有很好的防效）。每公顷用 5%普施特水剂 2.0～3.0L。大多数阔叶类杂草可施用"阔除"控制。

未进行化学除草的地块，要在幼苗出齐后及早进行人工铲地 2～3 遍，在封垄前结束。在 7 月中旬和 8 月上旬各进行 1 次人工拿大草。

（六）适期收获

1. 成熟和收获标准

红小豆分有限结荚习性和无限结荚习性品种，上部和下部荚成熟不一致，有的品种易炸荚，不能等待豆荚全部成熟后再收割。大多数品种均要分批采收，以保证种子质量。红小豆因籽粒可后熟，故可在有 2/3 的豆荚变成灰黄色时即可收割。也可在田间小豆群体中 70%的豆荚颜色达到固定色泽时，采用乙烯利溶液喷雾，每公顷用药 1.8L，加水 450kg，均匀混合后喷于植株表面，一周后叶片自动脱落后，可采用机械收获。

2. 收获时期和方法

因红小豆结荚很低，只能人工收割，田间晾晒，割晒时每 6 条垄放一铺（放鱼鳞铺），铺下不能有未割的红小豆，在田间晒

2~3 天，待豆荚成熟，籽粒变成固有形状和颜色，水分 16%～17%时，选择早晚，最好是阴天或刚下过小雨后进行机械脱粒。

收获回来的红小豆要及时进行精选，以免因水分过大出现霉变。另外要注意防潮，并避免含水量较高时在硬质地面暴晒，易产生石豆。

主要参考文献

冀彩萍. 2015. 粮油作物生产新技术 ［M］. 北京：中国农业出版社.

李改娣，来艳珍，霍贵娟. 2015. 无公害小麦高产高效栽培技术 ［M］. 天津：天津科学技术出版社.

罗林明. 2012. 粮棉油作物病虫害综合防治技术 ［M］. 成都：电子科技大学出版社.

汪勇. 2016. 粮油副产物加工技术 ［M］. 广州：暨南大学出版社.